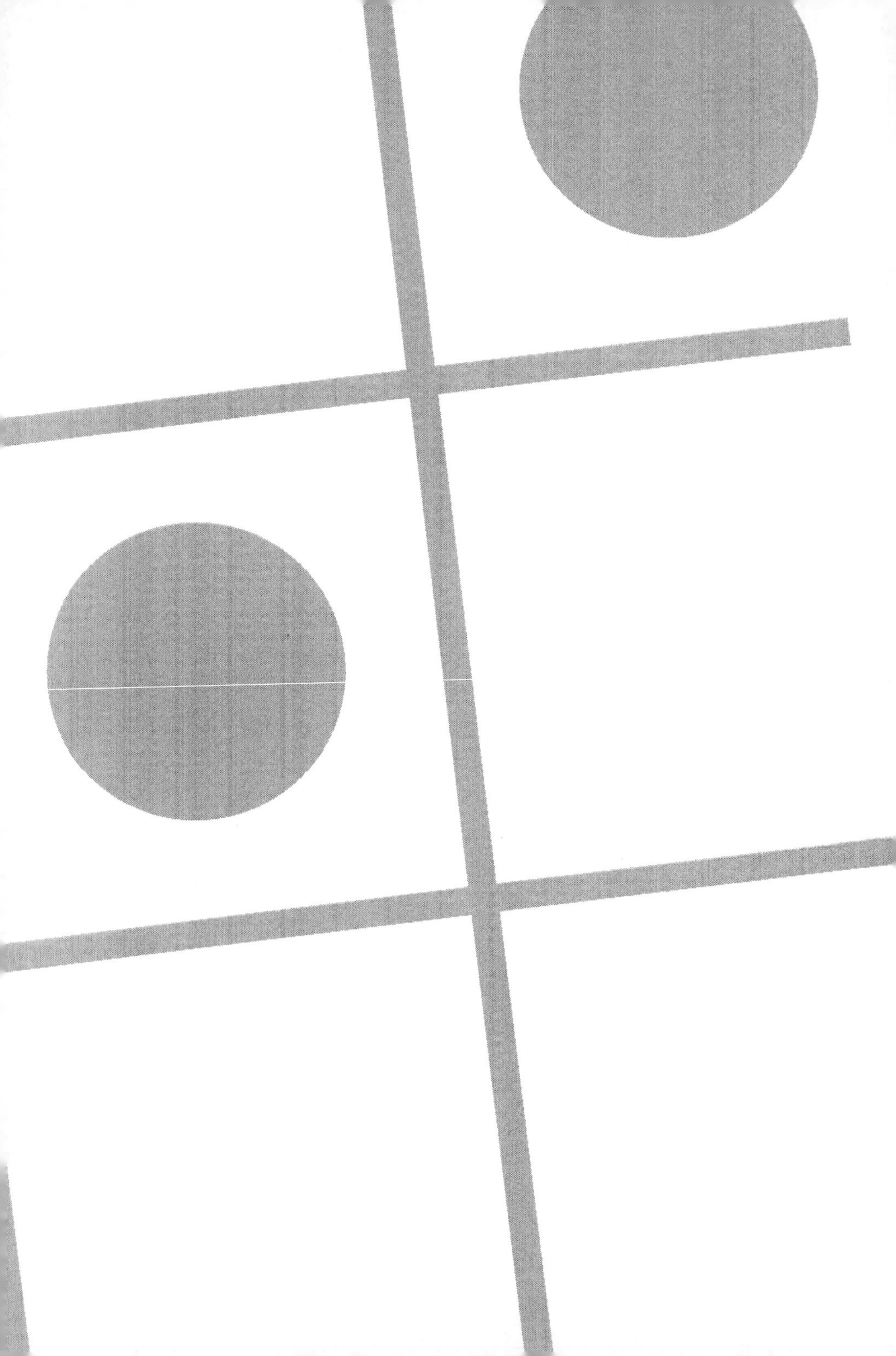

SASKIA HABLASCH

PERSÖNLICH ERKLÄRT

Das 1×1 des MANAGEMENTS

PRODUKTIVITÄT ERHÖHEN | PROJEKTE MEISTERN | ZEIT SPAREN

So steigerst du deine Kompetenz im Projektmanagement
und führst dein Team zum Erfolg

IMPRESSUM

Das 1x1 des Managements
von **Saskia Hablasch**

Autor: Saskia Hablasch
Mühlenstraße 8a
14167 Berlin
mail@saskiahablasch.de

Cover: Anton Moser
Buchsatz: Olivier Darbonville
Lektorat: Dr. Gertrud Pechmann
Korrektorat: Sabine Albrecht
Autorenfoto: Dieter Düvelmeyer

ISBN : 978-3-9825843-0-0

Bibliografische Information der Deutschen Nationalbibliothek: Die Deutsche Nationalbibliothek verzeichnet diese Publikation in der Deutschen Nationalbibliografie; detaillierte bibliografische Daten sind im Internet über dnb.dnb.de abrufbar.

Inhaltsverzeichnis

Produktivität - Zug um Zug

Fachliches Wissen im Beruf ist das Eine – eine produktive Arbeitsweise im Job das Andere. Die meisten kennen viele Tipps, um ihre Zeit effektiv und effizient zu nutzen. Was wirklich hilft, ist ein Einblick, wie die Tipps im Alltag konkret angewendet werden: Eine persönliche und praxisnahe Inspiration, um die Methoden und Gewohnheiten selbst umzusetzen.

Produktivität bezeichnet dabei nicht nur eine einzelne Fähigkeit. Vielmehr besteht die Kunst, Leistung in einer bestimmten Zeit zu erbringen, aus vielen kleinen Tipps und Tricks. Dafür stehen die einzelnen Felder im Tic-Tac-Toe – dem Logo auf dem Buchcover, das dich wie ein roter Faden durch die Kapitel begleiten wird. Hast du einen Tipp verinnerlicht und erfolgreich in deinen Alltag integriert, malst du einen Punkt in ein Feld. Ziel ist es in diesem Fall nicht, eine Dreierreihe zu bekommen, sondern viele Tipps zu lernen und täglich anzuwenden – also möglichst viele Felder mit einem Punkt zu füllen. Zug um Zug erweitert sich dein Repertoire und du wirst im Berufsalltag viele Dinge immer schneller und besser erledigen können. Am Ende des Buches kannst du sicher einen oder mehrere Punkte in dein persönliches Produktivitäts-Tic-Tac-Toe einzeichnen.

EINLEITUNG

Wie alles begann

„Saskia, wie schaffst du das eigentlich alles?“

Diese Frage wird mir regelmäßig gestellt. Freunde, Kollegen, Kunden und Coachees fragen mich das immer wieder. Anfangs war ich verwundert über die Frage und antwortete, dass ich eben sehr strukturiert arbeite.

An einem ruhigen Wochenende habe ich intensiv reflektiert, was ich dafür tue, um mein Tages- und Wochenpensum als Team- und Projektleiterin in der Softwarebranche zu schaffen. Herausgekommen ist dabei die Coaching-Session „Zeitmanagement für Projektmanager“. Damit habe ich einen Nerv getroffen: Die Inhalte dieser Session werden immer wieder nachgefragt. Auch meine Vorträge dazu sind gut besucht und es werden jede Menge Fragen zum Thema Zeitmanagement gestellt. Aus der Coaching-Session und den Vorträgen ist auf vielfache Nachfrage nun dieses Buch entstanden. Es will in erster Linie Projektmanager befähigen, ihre Arbeit bestmöglich zu tun, ohne dabei auszubrennen. Grundsätzlich wird aber jeder Leser mit einem Büroarbeitsplatz davon profitieren.

Das Buch enthält konkrete Tipps und Arbeitsweisen, die ich selbst jeden Tag erfolgreich anwende. Ich stelle dir hier vor, wie ich arbeite, und zwar ganz praxisnah. Quasi so, als ob du neben mir am Schreibtisch sitzt. Du kannst meine Empfehlungen sofort selbst ausprobieren. Natürlich kannst du jeden Tipp für dich persönlich anpassen. Ich wünsche dir viel Spaß beim Lesen und den größtmöglichen Nutzen für deine Arbeit.

Die Zeit selbst kannst du nicht managen – aber du kannst entscheiden, wie produktiv eine Zeiteinheit für dich sein soll.

Ich habe immer wieder gelesen, dass man Zeit nicht managen kann, denn sie läuft immer weiter. Das stimmt. Manchmal rennt sie einem sogar davon. Jeder kann aber entscheiden, wie er seine Zeit nutzt. Ich habe schon vor vielen Jahren entschieden, dass ich produktive Tage mit vielen Ergebnissen haben möchte und dass mir die Arbeit leicht von der Hand gehen soll. Um dieses Ziel zu erreichen, habe ich mir die entsprechenden Tipps angeeignet. Dabei habe ich festgestellt, dass ein gutes Zeitmanagement allein nicht ausreicht, um jeden Tag eine hohe Produktivität zu erreichen. Es ist vielmehr die Kombination aus Zeitmanagement-Tipps, guten Arbeitsweisen und intensiver Toolnutzung, die es mir ermöglicht, viele Aufgaben und Projekte gleichzeitig und in hoher Qualität zu bearbeiten.

Übrigens: Ich werde dich in diesem Buch duzen. Denn bislang habe ich nur meinem engeren Umfeld und meinen Coachees Einblicke in meine Arbeitsweisen und Routinen gegeben, und diese Personen duze ich.

START

Wie ist das Buch zu lesen?

#Such dir das heraus, was dich am meisten anspricht, und probiere es aus.

Das Buch ist kein Roman und kein klassisches Sachbuch. Es handelt sich vielmehr um ein Handbuch für Menschen mit einem Büroarbeitsplatz, die ihre Arbeit bestmöglich organisieren wollen. Das Buch muss also nicht von Anfang bis Ende gelesen werden. Die Einleitung reicht. Danach kannst du im Inhaltsverzeichnis die für dich spannenden Themen heraussuchen und direkt dorthin blättern. Jedes Kapitel ist in sich abgeschlossen und enthält einen wertvollen Tipp, der sich auf viele Branchen anwenden lässt.

Natürlich kannst du die Tipps miteinander kombinieren – so wie ich das jeden Tag mache. Das ergibt die ultimative Zeitersparnis. Die besten Kombinationen, die mir helfen, habe ich dir in einem extra Kapitel zusammengestellt.

Alle Arbeitsweisen und Tipps in diesem Buch habe ich mir über viele Jahre angeeignet, geübt und verfeinert. Damit du den Übergang von „Ich probiere es mal aus“ zu „Das gehört zu meinem Arbeitsstil“ schaffst, habe ich das Kapitel „Tipps für die Umsetzung“ verfasst.

Ein Hinweis zur Sprache: Ich schreibe dieses Buch fast ausschließlich in der männlichen Sprachform. Es hat nichts damit zu tun, dass es in diesem Berufszweig und in dieser Branche mehrheitlich männliche Kollegen gibt. Es hat vielmehr damit zu tun, dass die Paarform „Projektmanagerinnen und Projektmanager“ zu lang und zu umständlich ist. Die neutrale Formulierung wie „Team“ passt nicht, da es oftmals um einzelne Personen und oft die konkrete Berufsbezeichnung geht. Das Binnen-I „ProjektmanagerIn“, der Bruchstrich „Projektmanager/in“ und der Doppelpunkt „Projektmanager:in“ erschweren den Lesefluss. Noch schwieriger wird es mit der Klammer „ein(e) Projektmanager(in)“, die die weibliche Form politisch nicht korrekt darstellt und zu grammatikalisch falschen Sätzen führt. So würde ich nie mit dir sprechen, wenn wir gemeinsam am Schreibtisch sitzen.

Daher habe ich mich bewusst für die männliche Form entschieden, die in dieser Rolle die neutrale Bezeichnung für alle Geschlechter einnehmen soll.

Vier hilfreiche Basisfähigkeiten

#Auch ohne Tipps und Tricks schneller Aufgaben abarbeiten.

Neben den vielen Tipps, die ich in diesem Buch vorstellen werde, gibt es einige grundlegende Fähigkeiten, mit denen du auch ohne Tipps und Tricks eine große Erleichterung im Arbeitsalltag haben wirst. Damit meine ich „motorische" Techniken wie das Zehn-Finger-Schreiben und die Fähigkeit, Texte schnell zu lesen („Speedreading"). Auch die Schulung des Erinnerungsvermögens zum Einprägen und längeren Behalten von Inhalten gehört zu den Basisfähigkeiten, um die sich jeder bemühen sollte.

Den größten Einfluss auf den Arbeitsalltag machen für mich gute Gewohnheiten und hilfreiche Basisfähigkeiten aus. Die in diesem Buch vorgestellten Tipps und Kombinationen helfen schon, wenn du sie hin und wieder anwendest. Richtig produktiv wirst du aber erst, wenn einige dieser Tricks zu festen Gewohnheiten werden.

Das Schnell-Lese-Seminar, das ich besucht habe, hat mir gezeigt, dass selbst bei meinem recht schnellen Lesetempo noch eine Steigerung um das Dreifache möglich war. Das hilft mir nicht nur, E-Mails zügig zu lesen und zu bearbeiten, sondern spart gerade Zeit, wenn es um umfangreiche Projektdokumente geht. Das Schnell-Lesen braucht Übung, aber diese wird sich mehrfach auszahlen.

Zehn-Finger-Schreiben ist eine weitere wertvolle Basisfähigkeit, die sich ein Projektmanager/Mitarbeiter aneignen sollte. Ich schreibe mittlerweile fast blind in Besprechungen, Telefonaten und Videocalls mit. Meine Schreibgeschwindigkeit mit der Tastatur ist dabei um ein Vielfaches höher als mit der Hand. Es entstehen zwar hier und da ein paar Buchstabendreher, aber meine Mitschriften enthalten immer umfangreiche Informationen, auf die ich später zurückgreifen kann. Wo andere sich nur ein paar Stichworte machen, schreibe ich vollständige Sätze mit.

Eine weitere sinnvolle Angewohnheit ist das Nutzen von Tastenkombinationen (Shortcuts). Unabhängig vom Zehn-Finger-Schreiben macht dich die Nutzung von Tastenkombinationen praktisch im Handumdrehen schneller in Word, Excel, PowerPoint, Outlook und allen anderen täglichen Programmen. Weiterhin kannst du dir die wichtigsten Funktionen, die du für deine Arbeit benötigst, in den Schnellzugriff legen. Auf diese Weise sind durch Tastenkombinationen und Schnellzugriff alle wichtigen Funktionen sofort erreichbar.

TIPP

Such dir eine Tastenkombination heraus und wende sie täglich eine Woche lang an. Erst danach ist die nächste Tastenkombination dran. So ist der Lerneffekt wesentlich höher, als sich fünf Tastenkombinationen vorzunehmen und nach zwei Wochen keine mehr zu kennen oder anzuwenden.

Starte einfach mit der Basisfähigkeit, die dich am meisten anspricht. Ich rate zu folgender Reihenfolge:

- Zehn-Finger-Schreiben (weil ich das wirklich immer anwende und es mir sehr, sehr viel Zeit spart)
- Nutzung von Tastenkombinationen (da das Klicken mit der Maus deutlich langsamer ist) und Schnellzugriffen (direkte Schaltflächen für weniger Klicks und kurze Wege mit der Maus)
- Schnell-Lese-Techniken (um zügig E-Mails zu sichten, Unterlagen durchzuarbeiten und bei aller Geschwindigkeit auch den vollen Inhalt zu erfassen)
- Gedächtnistraining (du musst nicht aufwändig nach Informationen suchen, sondern hast die meisten Eckdaten immer im Kopf)

ROUTINEN UND REGELN FÜR PRODUKTIVERE TAGE

Wochenplanung

#Ziel: Bereite die kommende Woche vor und schaue deinen Kalender auch daraufhin durch, was in den nächsten zwei bis drei Wochen ansteht.

Einfache Wochenplanung

Wenn heute Donnerstag oder Freitag ist, dann ist es die perfekte Zeit, um deine nächste Woche zu planen. Wirf einen Blick in deinen Kalender, was in der kommenden Woche ansteht und checke auch, welche Aufgaben bereits bearbeitet sind. Falls noch einige Dinge offen sind oder du noch Zuarbeiten oder Meetings benötigst, dann schreibe jetzt die E-Mail und frage die benötigten Infos an (und erinnere gleichzeitig an die Aufgabe). Dann organisiere die fehlenden Meetings. Jetzt am Donnerstagnachmittag oder Freitagvormittag kannst du die kommende Woche noch wesentlich leichter organisieren und findest für nächste Woche noch mehr freie Termine, als wenn du diese Suche erst am Montagvormittag erledigst. Falls es noch offene Arbeitspakete für einen Auslieferungstermin gibt, dann musst du das rechtzeitig priorisieren – am besten sofort.

Dieser „einfache" Wochenvorausblick ist das absolute Minimum, was du als Projektmanager tun solltest, damit du am Montag oder den anderen Tagen nicht unangenehm überrascht wirst.

Profi-Wochenplanung

Schaust du dir die Termine der kommenden Woche und auch die der darauffolgenden zwei bis drei Wochen an, hast du einen strategischen Blick auf dein(e) Projekt(e). Diese erweiterte Wochenvorausplanung nutzen Profis, denn oft greift die Planung der nächsten Woche zu kurz. Manchmal „lauern" Termine in zwei oder drei Wochen, die mehr Vorbereitung benötigen, als du und die Kollegen mit ein paar Tagen Vorlauf leisten können. Etwa eine große Angebotspräsentation, für die oft noch Beispielszenarien konfiguriert werden müssen oder für die eine besonders angepasste Präsentation erstellt werden muss. Genauso vorbereitungsintensiv kann ein Lenkungsausschuss sein.

Der Blick auf die nächsten zwei bis drei Kalenderwochen ist allerdings nur ein Teil der Profi-Wochenplanung. Weiterhin solltest du deine Projekte prüfen, sprich: einen Blick in den Projektplan werfen, wo sie aktuell stehen und was laut Projektplan für die kommende Woche geplant ist.

Heißt:

- Stehen schon alle Termine im Kalender?
- Sind alle Aufgaben in Bearbeitung oder in Vorbereitung?

Auch das gehört zum strategischen Blick: Der Kalender mit den offiziellen Terminen und der tatsächliche Bearbeitungsstand der Aufgaben müssen mit dem geplanten Projektstand abgeglichen werden. Mit diesem Weitblick kannst du insbesondere Abgabetermine besser organisieren und frühzeitig daran erinnern. Das erspart nicht nur dir Stress, sondern auch den Kollegen. Dein Team wird dich dafür lieben!

Der charmante Nebeneffekt der Wochenplanung ist außerdem: Du hast übers Wochenende den Kopf frei, denn für die nächste Woche ist alles vorbereitet.

TOOLTIPP

- Wochenplanung im Kalender abbilden (zum Beispiel als Ganztagstermin, der aber deine freien Zeiten nicht einschränkt)

Meine TOP 3

#Ziel: Plane jeden einzelnen Tag, damit du weißt, was wichtig ist und wirklich erledigt werden muss.

Du kannst einfach jeden Tag auf Arbeit erscheinen und schauen, was im Kalender steht. Oder du beschäftigst dich im Vorfeld mit deinem Tag und machst dir kurz Gedanken, was zu erledigen ist. Welche der beiden Varianten führt wohl dazu, dass du die wichtigen Themen bewegst? Neben der Motivation, die eine Planung und deren Erledigung mit sich bringt, beschäftigst du dich auch schon damit, was du zur Erledigung benötigst. Außerdem weißt du, was du heute schaffen musst, und blockst Ablenkungen viel besser ab. Mit deiner wertvollen Arbeits- (und auch Lebens-)Zeit schaffst du also wirklich Ergebnisse und bist kein Spielball der unternehmensinternen Abläufe. Außerdem gibt es jedem ein gutes Gefühl, wenn er das geschafft hat, was er sich vorgenommen hat. Wie sieht das bei mir aus?

Da ich immer sehr lange Aufgabenlisten/To-do-Listen habe und das Prinzip von „Getting Things Done“ von David Allen bei mir nicht funktioniert hat, habe ich für mich die „TOP 3“ entwickelt. TOP steht für Tagesordnungspunkte. Du kannst die Abkürzung aber auch wie in den Musik-Charts verwenden: Die Top-10-Hits. Seit ich damit arbeite, mache ich zufrieden Feierabend, wenn ich meine „TOP 3“ des Tages geschafft habe. Außerdem kann man sich drei Aufgaben leichter merken als zehn. ;-)

Wie wähle ich diese drei Aufgaben aus? Es sind Aufgaben, die meine Projekte voranbringen. Mal ist es ein Anruf bei einem Stakeholder, mal ist es die Vorbereitung einer Entscheidungsvorlage und dann ist es auch mal die Vorbereitung einer kleinen Team-Überraschung. Die Aufgaben haben einen sehr unterschiedlichen Aufwand: Ein Telefonat kann zehn Minuten dauern und das Projekt ist wieder einen entscheidenden Schritt vorangekommen. An einer Entscheidungsvorlage sitze ich dagegen manchmal eine Stunde, bis ich alle Informationen zusammen und diese passend aufbereitet habe.

Deshalb ist das entscheidende Auswahlkriterium für die „TOP 3“, wie wichtig die einzelnen Punkte für das Projekt sind. Sie müssen meine Projekte einen entscheidenden Schritt voranbringen. Und weil diese „TOP 3“-Aufgaben so wichtig sind, lasse ich mich auch nicht so leicht davon ablenken.

An manchen Tagen ist allerdings die Erledigung von drei Aufgaben schon eine Herausforderung. Aber ich motiviere mich dann mit diesem Gedanken: „Komm, drei Dinge schaffst du.“ Selbst wenn ich neben all den Meetings und Unterbrechungen wirklich nur diese drei Aufgaben von meiner Liste geschafft habe, gehe ich damit zufrieden in den Feierabend.

Denn ich habe das wirklich Wichtige erledigt.

Sollte nach den „TOP 3" noch Luft im Arbeitstag sein, dann arbeite ich weitere Aufgaben ab. Das ist dann die Kür.

Zum Abschluss noch ein Gedanke: Es gibt unglaublich viele verschiedene Tagesplanungsmethoden, teilweise mit neun Schritten. Die meisten davon habe ich ausprobiert, einige sogar mehrmals. Ganz ehrlich: Für mich passte das nicht. Ich messe alle meine Methoden an der Anwendbarkeit unter Hochauslastung. In Stressphasen hat sich meine einfache, schnell anwendbare Methode der „TOP 3" bewährt.

Übrigens: Diese fünf Minuten Planung sparen dir am Tag locker eine Stunde Zeit und dein Output steigt ebenfalls an.

TOOLTIPP

- Ritual zu Beginn oder Ende des Arbeitstages: Post-it mit den „TOP 3" schreiben – wird nach Erledigung der Punkte entsorgt

Der 75-Prozent-Tag

#Ziel: Lass dir Luft im Kalender, denn es kommt immer anders, als du denkst.

Wie viel du am Tag schaffst, hängt nicht an der Anzahl der Termine in deinem Kalender, sondern an den freien Zeiten davor und danach. Meetings müssen vor- und nachbereitet werden, und weil es neben Meetings noch E-Mails, Anrufe und Fragen von Kollegen gibt, braucht es Luft im Kalender.

Prüfe idealerweise am Vortag vor dem Feierabend deinen Kalender für den nächsten Tag und erstelle deine Aufgabenliste. Welche Termine hast du und was musst du dafür noch vorbereiten? Nimm das gleich auf deine Aufgabenliste. Schau auch, wann du die Aufgaben erledigen kannst und wie viel wirklich in die noch freien Zeitfenster passt. Wenn du es abends nicht mehr schaffst, wird daraus eine morgendliche Planung, aber dann ist die morgendliche ruhige Stunde schnell vorbei (siehe Kapitel „Stille Stunde“). Schau dir nach Erstellung der Liste noch einmal jede Aufgabe an, ob du alle Informationen hast, um diese zu erledigen. Manchmal fehlt noch eine Vorlage oder du weißt nicht, wem genau du die Informationen liefern musst.

Wenn du auf diese Weise den kommenden Tag vorbereitest, hast du nicht nur einen Überblick über deine Aufgaben, sondern auch über die Zeitfenster, in denen du diese erledigen kannst. Das hilft dir, umsichtiger und zielgerichteter mit deiner Zeit umzugehen.

Nun solltest du bei der Tagesplanung nicht zu optimistisch sein – so wie ich früher. Denn gerade, wenn man keine Zeit hat, kommt etwas dazwischen. Deshalb gehört es zur Tagesplanung dazu, dass du ausreichend Luft für plötzlich hereinkommende Sonderaufgaben lässt. Auch wenn du viel schaffen willst, treten immer wieder Situationen ein, die dein sofortiges Eingreifen erfordern. Das gelingt nur mit einem Zeitpuffer (es sei denn, du machst gern Überstunden). Du kannst beispielsweise für dich festlegen, dass maximal 75 Prozent des Tages mit Meetings verplant sein dürfen. So hast du noch zwei Stunden (bei einem Acht-Stunden-Tag), um unvorhergesehene Dinge zu erledigen. Das hört sich nach viel Zeit an, ist aber im Nu gefüllt mit Aufgaben deiner To-do-Liste, unerwarteten Anrufen, neuen Informationen oder kurzfristigen Terminen mit Vorgesetzten, die dringend Infos, Zahlen oder Daten aus deinem Projekt brauchen.

Es ist nicht ganz einfach, sich diese Freiräume zu schaffen. Wenn du dir jeden Nachmittag einen freien Block von zwei Stunden setzt, kannst du sicher sein, dass du nach zwei, drei Tagen eine Terminanfrage für genau dieses Zeitfenster bekommst. Ich habe für mich einige Tricks gefunden, die mir kleine freie Zeitfenster verschaffen.

- Zwischen Terminen immer 15 Minuten Luft lassen (für die direkte Nachbereitung des Meetings oder kurze Rückfragen aus dem Team).
- Termine durchgängig nur mit 25 Minuten oder 50 Minuten Dauer ansetzen und auch einhalten. Denn mal ehrlich: Alles, was man in 30 Minuten besprechen möchte, schafft man auch in 25 Minuten und mit Vorbereitung von allen auch in 20 Minuten.
- Die Mittagspause ist immer eine Stunde von 12 bis 13 Uhr (egal, ob ich selbst 30 oder 45 Minuten Mittagspause mache. Der Rest ist Puffer, falls ein Meeting länger dauert oder ich noch etwas fertig machen möchte).

Das hört sich nach Kleinigkeiten an. Es sind auch Kleinigkeiten. Aber genau diese kleinen Lücken im Kalender sorgen dafür, dass du auf viele Dinge schnell reagieren kannst oder Luft für Aufgaben hast, die doch mal etwas länger dauern.

TOOLTIPP

- Aufgabenliste in Outlook führen, sodass sie im Kalender immer sichtbar ist
- Terminblocker im Kalender für die Erledigung von Aufgaben platzieren

Tages- und Wochenabschluss

#Ziel: Den Tag und die Woche sauber abschließen für einen freien Kopf nach Feierabend.

Das Ergebnis ist von unschätzbarem Wert für mich – ein freier Kopf und das Gefühl, dass ich die Arbeit guten Gewissens hinter mir lassen kann. Zugegeben: Es klappt nicht immer. Aber an den Tagen, an denen es funktioniert, kann ich wirklich entspannen und voll bei Familie, Freunden und Hobbys sein.

Der Tagesabschluss

Die letzten 15 bis 20 Minuten meines Arbeitstages sind für den Abschluss reserviert. In dieser Zeit versuche ich, alles sauber abzuschließen – entweder so, dass die Aufgabe vollständig erledigt ist, oder so, dass ich einen guten Stand habe, mit dem ich oder andere morgen weiterarbeiten können.

Geh dafür alle deine heutigen Aufgaben, Meetings und die offenen Tools durch. Gibt es noch Themen, die du mit zwei, drei Handgriffen fertigstellen kannst? Bei vorbereiteten E-Mails fehlen vielleicht nur noch Anrede und Grußformel, um sie zu senden. Hast du noch Intranetseiten offen? Wenn ja, was wolltest du dort noch ergänzen? Geh auch die weiteren Tabs im Browser und die offenen Dokumente in deiner Taskleiste durch. Was fehlt hier noch für den letzten Schritt?

Dein Arbeitstag sollte mit der Aufstellung der „TOP 3“ (siehe Kapitel „Meine TOP 3“), der Aufgabenliste für den folgenden Tag (siehe Kapitel „Tagesplanung“) und deiner Zeiterfassung enden. Wenn du das alles erledigt hast, kannst du das Notebook zuklappen und Feierabend machen.

Übrigens: Schon mit dem Plan, dass du möglichst viele Tagesaufgaben abschließen willst, gewinnst du viel. Und die vielen Tage, an denen du das schaffst, belohnen dich in doppelter Hinsicht: Du weißt, dass du einen wichtigen Kniff fürs Zeitmanagement erfolgreich umgesetzt hast und du hast einen freien Kopf für alles Private.

Der Wochenabschluss

Neben dem Tagesabschluss ist für mich auch der Wochenabschluss unerlässlich. Falls nicht jeder Tagesabschluss vollumfänglich geklappt hat, ist dies mein Netz und mein doppelter Boden, damit ich meine Arbeitswoche zufrieden beenden kann. Für den Wochenabschluss brauchst du etwa 20 bis 30 Minuten Zeit.

Kommen wir zu den Details. Falls du Aufgaben nicht geschafft hast, plane diese als Kalendereintrag in der nächsten Woche ein. Gegebenenfalls hat sich auch eine Aufgabe zu einer „TOP 3“ für Montag oder einen anderen Tag entwickelt. Dann setze sie sofort auf deine Liste. Noch besser ist es, dir direkt für die Aufgabe eine Zeit im Kalender zu blocken. So wissen die Kollegen, dass du in dieser Zeit nicht ansprechbar bist. (Bei mir steht dann hinter dem Terminbetreff immer „NICHT STÖREN!!!“)

Wenn du deine Arbeitszeiten erfassen musst, mache das möglichst zeitnah und täglich, damit du dir nicht über mehrere Tage die ganzen Details merken musst. Spätestens zum Wochenabschluss am Freitag sollte deine Zeiterfassung abgeschlossen sein.

Im Grunde ist das Muster für den Tages- und Wochenabschluss immer das gleiche und nach einigen Übungstagen und Übungswochen geht es dir mittels folgender Fragen leicht von der Hand:

- Habe ich alle offenen Aufgaben fertiggestellt?
- Habe ich die „TOP 3“ für morgen/nächste Woche notiert?
- Habe ich meine Zeiterfassung vollständig?

Das Motto dazu lautet: Lass keine Enden offen und sei auf morgen vorbereitet.

TOOLTIPP

- Post-it mit den drei Prüffragen des Tages- und Wochenabschlusses zur Erinnerung unten an deinen Monitor kleben

Stille Stunde

#Ziel: Schaffe dir Ruhezeiten, in denen du deine Aufgaben nach deiner Priorität konzentriert und störungsfrei abarbeitest.

Die stille Stunde ist einigen auch unter dem Begriff „Fokuszeit“ bekannt. Jeder hat es schon erlebt: Du willst Zahlen analysieren oder eine Rechnung vorbereiten und brauchst eigentlich nur mal 20 bis 30 Minuten Ruhe, aber ständig klingelt das Telefon oder es kommt ein Kollege vorbei. Solche Unterbrechungen reißen dich komplett heraus und du fängst nach der Unterbrechung gefühlt wieder bei null an – sehr nervig und zeitraubend, ganz zu schweigen von den Flüchtigkeitsfehlern, die dadurch schnell entstehen. Es kostet uns bis zu einem Viertel unserer Arbeitszeit oder anders ausgedrückt: Du brauchst bis zu viermal so lange für eine einzige Aufgabe, als wenn du sie in einem Durchgang bearbeiten kannst. Die meisten Unterbrechungen ereignen sich übrigens während der Hauptarbeitszeit von 9 bis 12 Uhr und von 13 bis 15 Uhr – in dieser Zeit sind die meisten Kollegen da und wollen ihre Anliegen an dich herantragen. Wenn du dir also in diesen Zeiten konzentrationsintensive Aufgaben vorgenommen hast, kommt es häufiger zu Störungen und du musst immer wieder neu ansetzen. Entweder du fängst immer wieder von vorne an und brauchst deutlich länger für die Aufgabe als geplant oder du verschiebst sie auf „später“. Dieses „Später“ ist entweder kurz vor Feierabend und verursacht dann Überstunden oder noch schlimmer: Du erledigst die Aufgabe abends, sobald die Familienverpflichtungen erledigt sind. Beides ist keine gute Dauerlösung, denn der Tag wird dadurch sehr lang und deine Konzentration ist deutlich niedriger als beispielsweise im Laufe des Vormittags. Strategische Aufgaben wie Arbeitstools prüfen und eigene Standards entwickeln nehmen wir dann oft gar nicht mehr in Angriff, da sie nicht dringend sind.

Also schaffe dir Ruhezeiten – die stillen Stunden – in denen du ohne Unterbrechung arbeiten kannst. Idealerweise liegt die stille Stunde in einem Zeitraum, in dem nur wenige Kollegen da sind oder es eine allgemeine bzw. teaminterne „stille Stunde“ gibt. Gleichzeitig muss das Zeitfenster zu deinem persönlichen Biorhythmus passen und deine Leistungshochphase sein:

- Für den einen ist es der frühe Morgen so wie bei mir,
- bei manchen ist es die Mittagspause von 12 bis 13 Uhr (weil sie früher oder später essen und Ruhe vor fast allen Kollegen haben),
- andere können am späten Nachmittag oder Abend besonders konzentriert arbeiten.

Wie ist dein Biorhythmus? Bist du eher eine Lerche oder

eher eine Eule? Je nachdem solltest du deine ruhige Stunde auf den Morgen legen (bevor die Kollegen da sind) oder auf den Abend (wenn die meisten Kollegen schon weg sind).

Wie ich meine stille Stunde organisiere? Für Kundenanrufe stelle ich das Telefon auf lautlos und schalte die Mailbox ein. Alternativ kann auch eine Rufumleitung an das Team genutzt werden. Auf diese Weise wirst du nicht gestört und rufst den Kunden/Kollegen später zurück.

Kommen wir zu den größeren „Störfaktoren“ (wie immer mit einem Schmunzeln geschrieben): Die Kollegen.

Hier haben mir folgende Punkte geholfen:

- Informiere die Kollegen über deine stille Stunde (auch wenn sie nicht täglich, sondern nur ein- bis dreimal pro Woche geplant ist).
- Falls es im Projekt „brennt“, kannst du einen Notfall-Kommunikationskanal vereinbaren. Bei mir ist das der Chat, da SMS oder Anrufe bei lautlosem Telefon nicht durchkommen.
- Bürotür ist offen oder geschlossen. So signalisierst du: „Bitte hereinkommen“ oder auch „Bitte nicht stören“. Die meisten Unternehmen kennen die Open-Door-Policy. Wenn die Türen in deinem Unternehmen immer geschlossen sind, dann kannst auch mit einem Schild an der Tür arbeiten. Sei kreativ, wie du den Kollegen deine störungsfreie Zeit anzeigst.

- Im Zweifel kannst du auch deinen Arbeitsplatz verlassen und dir ein Telefonbüro oder einen Ruhearbeitsraum suchen.
- Trage die stille Stunde als festen Termin im Kalender ein. Wenn du die Zeit frei lässt, verplant man dich in der Zeit gern für Meetings (ja, auch in den Randzeiten). Idealerweise findet deine stille Stunde immer zur gleichen Zeit statt. So können sich die Kollegen daran gewöhnen. (Vorschlag: täglich von 8 bis 9 Uhr oder Mo + Mi + Do von 13 bis 14 Uhr.)

Du wirst die Kollegen und Kunden sicher erst daran gewöhnen müssen, dass du nicht immer verfügbar bist. Umso wichtiger ist es in dieser Gewöhnungsphase, dass du alle danach wirklich zurückrufst beziehungsweise die Fragen im Chat beantwortest. So fassen deine Kollegen Vertrauen in diese Arbeitsweise und akzeptieren deine vorübergehende Nicht-Erreichbarkeit.

Probiere es aus, auch wenn du glaubst, dass es nicht funktioniert. Beginne mit einer Stunde pro Woche. Es geht, wenn du es wirklich willst. Dann dehnst du die stille Stunde so weit aus, wie du sie brauchst und es deine Projekte zulassen.

Digital arbeiten

#Ziel: Immer digital arbeiten, um alles gleich auf dem Notebook zu haben.

Dieser Tipp spart mir einige Stunden pro Tag. Ohne Übertreibung! Ich arbeite zu 90 bis 95 Prozent komplett digital. Stift und Notizbuch sind edel, insbesondere in der Kombination von Füller und hochwertigem Notizbuch. Aber: Beides ist nicht nachhaltig, sondern der Beginn einer Zettelwirtschaft. Sobald ich angefangen habe, im Notizbuch mitzuschreiben, kamen sehr schnell noch Post-its sowie weitere Zettel hinzu, wenn das Notizbuch gerade nicht greifbar war oder ich es vergessen hatte (du kennst bestimmt auch den ständigen Wechsel zwischen Büro und Homeoffice). Und schon waren für diesen Tag meine Notizen „weg". Die Gefahr dabei ist, dass wichtige Aufgaben oder Informationen vergessen werden.

Deshalb bin ich vor vielen Jahren dazu übergangen, nur noch ein „Notebook" zu haben – und zwar meinen Laptop, der Arbeitsmittel und Notizbuch in einem für mich ist. Ich erkläre dir nun, was ich tue, damit das sehr gut funktioniert.

Notizen

Meine Notizen sind mein zweites Gedächtnis, das ich an mein Notebook auslagere. Sie sind für mich unheimlich wichtig und daher schreibe ich immer (!) digital (!) parallel in Meetings und bei Telefonaten mit. Dazu muss ich nicht der Protokollant des Meetings sein. Diese Regel ist mir so in Fleisch und Blut übergangen, dass ich auch nur für mich immer Stichpunkte mitschreibe.

Ich nutze auf meinem Arbeitsnotebook OneNote als Notizprogramm, weil ich dort Bücher mit einzelnen Seiten anlegen kann. Auf diese Weise sind meine Notizen gut sortiert und ich finde in der Regel innerhalb von zehn Sekunden das richtige Blatt. Neben der guten Struktur in OneNote nutze ich für mich noch einen weiteren, sehr wichtigen Dokumentationstipp: Ich schreibe buchhalterisch mit. Das bedeutet, dass ich die nächste Notiz immer ÜBER die letzte Notiz setze. So habe ich die aktuellen Informationen immer oben stehen. Ich muss also nicht lange scrollen, wenn ich eine Notiz mitschreiben möchte. Einfach die Seite in OneNote finden, zweimal Enter drücken und los geht's. Meine Notizen haben auch immer ein Datum, einen Titel und eine Teilnehmerliste – das hilft mir, die Notizen zeitlich einzuordnen („Im März haben wir schon mal darüber gesprochen“).

Ein weiterer Vorteil von digitalen Notizen: Sie sind durchsuchbar! Wie viel Zeit mir das schon gespart hat, kann ich nicht beziffern, aber ich schätze eine Menge. Chats lassen sich übrigens auch gut durchsuchen – denn sie sind ebenfalls digital. ;-)

Übrigens: Wenn du annähernd mit zehn Fingern schreiben kannst, ist das super und der Tipp kann unmittelbar von dir umgesetzt werden. Falls du das (noch) nicht kannst, ist das nicht schlimm. Du kannst auch nur Stichworte oder Wortgruppen tippen und nach dem Meeting ergänzen – auch das hilft bereits.

Häufiges Problem

Wenn du von einem Anruf überrascht wirst und spontan nicht weißt, wo du deine Gesprächsnotizen hinschreiben kannst, dann reicht eine neue E-Mail, eine leere OneNote-Seite oder eine Notepad-Notiz und du kopierst die Notizen später an den richtigen Ort. Falls du in eine neue E-Mail geschrieben hast, kannst du sie direkt nach dem Gespräch überarbeiten und absenden.

Browser

Viele Anwendungen laufen mittlerweile als Webanwendungen nur noch im Browser. Das ist einerseits gut, denn es spart Platz auf der Festplatte. Andererseits sorgt es auch für viele Tabs im Browserfenster. Manchmal habe ich 50 Tabs offen – denn ich brauche sie alle im Laufe des Tages. Hier hilft eine tolle Browserfunktion, damit ich den Überblick behalte: die Tab-Gruppierung in Chrome und Edge bzw. farbige Browsertabs bei Firefox. Insbesondere die Tab-Gruppierung im Chrome bietet die Möglichkeit, die Tabs nach Teams, Themen und Projekten zu sortieren oder nach Status (demnächst, in Arbeit, erledigt).

Weiterhin nutze ich im Browser die Lesezeichen und die Lesezeichen-Symbolleiste. Die wichtigsten Anwendungen habe ich in der Lesezeichen-Symbolleiste unterhalb der Adressleiste gespeichert. So starte ich die Anwendung mit einem Klick und muss mir keine URLs merken. Desweiteren speichere ich mir die wichtigsten Links meiner Projekte und Themen in den Lesezeichen ab – natürlich schön sortiert in Ordnern. Wer schon mal über mehrere Wochen hinweg jede Woche das gleiche Protokoll gesucht hat, der weiß, wie erleichternd so ein Lesezeichen für regelmäßig benötigte, aber schlecht über die Suche auffindbare Seiten ist.

In meinem Browser nutze ich zudem die Einstellung, beim Start alle Fenster der letzten Session wieder zu öffnen. So kann ich meinen Rechner herunterfahren und habe am nächsten Tag exakt die gleiche Ausgangssituation und kann sofort anknüpfen.

Aufgaben

Seit kurzem arbeite ich wieder mit Outlook und nutze hier die Möglichkeit, meine Aufgaben einzutragen. Warum hier und nicht in einem Kanban-Board oder einem Notizbuch? Ganz einfach: Mein Kalender ist im Grunde den ganzen Tag offen und ich sehe auf einen Blick meine Termine und Aufgaben. So behalte ich den Überblick und kann die Aufgaben passend verschieben. Außerdem hat Outlook die – wie ich finde – charmante Funktion, dass unerledigte Aufgaben auf den nächsten Tag weitergeschoben werden. Im Notizbuch musste ich früher aktiv zurückblättern, um solche überfälligen Aufgaben zu finden und zu prüfen. Insgesamt versuche ich, keine lange Aufgabenliste zu führen, sodass ich die Aufgaben nur in kleinem Umfang nutze. Mehr dazu im nächsten Kapitel „In Time".

Es gibt eine Ausnahme: Meine „TOP 3". Die stehen meist auf Papier. Dieses Blatt liegt immer neben mir, damit ich es stets im Blick habe. Das ist die einzige Ausnahme in meiner ansonsten komplett digitalen Arbeitswelt. In der Regel habe ich meine „TOP 3" im Kopf. Aber das Abhaken auf der Liste gibt mir noch einmal ein sehr befriedigendes Gefühl. Ich gehe hier also einen bewussten Medienbruch ein, aber nur an dieser einen Stelle. ;-)

Ausnahmen bestätigen die Regel!

TOOLTIPPS

- „Bordmittel“ Windows
  - Für Notizen: OneNote, Notepad++
  - Für Aufgaben: Outlook, Kalendereinträge
- „Bordmittel“ Mac
  - Für Notizen: Notizen
  - Für Aufgaben: Erinnerungen, Kalendereinträge
- Notlösung: neue E-Mail öffnen und hineinschreiben
- Browsertab-Gruppierung in Chrome

In Time

#Ziel: Arbeite „in time“, um die Nachbereitungszeit drastisch zu reduzieren.

Wichtig: Für die volle Umsetzung solltest du schnell mit der Tastatur schreiben können oder idealerweise das Zehn-Finger-Schreiben beherrschen. Außerdem ist ein zweiter Monitor für diese Arbeitsweise von Vorteil.

Meetingnotizen sind ein Teil des vorherigen Kapitels „Digital arbeiten“ und ein sehr gutes Beispiel. Dazu kommen aber viele kleine Aufgaben, die im Meeting anfallen. Hier versuche ich, sofort alles abzuarbeiten, selbst wenn ich meinen Bildschirm in der Videokonferenz teile. Folgende Dinge kann man direkt im Meeting mit Unterstützung der Kollegen erledigen:

- Verschicke sofort To-dos! Via Confluence als Aufgabe aufnehmen, via Ticketsystem, via Scrum/Kanban-Board – je nachdem, was in deinem Unternehmen Standard ist. Wähle eine Lösung, bei der die Nachverfolgung einfach ist (bei E-Mails ist sie sehr schwer).

- Frag sofort nach! In der Regel sind Fragen schnell per Chat gesendet.
- Suche und buche sofort die besprochenen Termine! Solange alle da sind, ist die Terminfindung für einen Folgetermin in weniger als fünf Minuten erledigt und es sind alle mit diesem Termin einverstanden. Wenn du sofort den Termin buchst, schnappt dir auch keiner das gefundene Zeitfenster weg.
- Wenn du im Meeting vereinbarst, dass du eine E-Mail versendest, dann schreibe sie direkt in eine leere neue E-Mail. Das erste Diktat ist meist wirklich druckreif und spart dir später viel Zeit bei der Suche nach der passenden Formulierung.
- Lege bei der Arbeit mit einem Ticketsystem sofort die Tickets an und weise sie zu. Bei der Besprechung der Tickets immer gleich die Punkte eintragen – somit steht der aktuelle Stand im Ticket.

Nimm dir nur Punkte zur späteren Nachbearbeitung mit, für die du wirklich Ruhe und Zeit brauchst. Meine persönliche Grenze liegt bei zehn Minuten, um das Meeting nicht aufzuhalten. Wenn ich also noch zehn Minuten oder länger zum Fertigstellen der Aufgabe benötige, dann bereite ich sie mir so vor, dass ich sie idealerweise direkt im Anschluss an das Meeting fertigstellen kann oder während meines Tagesabschlusses. Ich habe also schon den Großteil der E-Mail geschrieben, eine neue Intranetseite am richtigen Ort mit Titel und zwei Sätzen, was dort entstehen soll, angelegt etc.

Wichtig bei diesem Tipp ist, dass du vor Feierabend noch alle offenen Fenster im E-Mail-Programm, im Intranet oder im Ticketsystem durchgehst, damit dir keine vorbereitete Nachricht, „die nur noch zwei weitere Sätze brauchte“, untergeht und nicht gesendet wird (siehe Kapitel „Tages- und Wochenabschluss“).

Zwei-Minuten-Regel

#Ziel: Viele E-Mails und Nachrichten zügig bearbeiten können.

Der größte Teil der Kommunikation erreicht dich und mich auf elektronischem Weg: E-Mails, Chat, Tickets, Intranetseiten und weitere Toolbenachrichtigungen. Das ist super, weil es schnell und einfach geht. Das ist allerdings auch eine Plage, weil ständig Nachrichten eingehen und man diese am liebsten sofort lesen möchte. Genau das habe ich mir aber abgewöhnt. Ich habe nur noch für einen Chat die Push-Benachrichtigungen aktiv und alles andere ist bei mir deaktiviert.

Warum? Weil mich diese Nachrichten immer abgelenkt haben. Ich habe immer viele Meetings und habe damals natürlich auf das Popup-Fenster geklickt, um die gesamte Nachricht zu sehen. Mit dem Ergebnis, dass ich in den meisten Fällen nicht mit „Ja“ oder „Nein“ antworten konnte, sondern erst etwas nachschauen musste. Die Antwort wollte ich dann nach dem Meeting heraussuchen und bin mit meiner Aufmerksamkeit zum Meeting zurückgekehrt. Ergebnis: Nach dem Meeting gab es weitere Nachrichten, die ich erst mal alle gelesen habe, weil es blinkende Fenster gab, und die erste Nachricht war vergessen. Weil mir das zu häufig passiert ist, habe ich mich an die Zwei-Minuten-Regel aus „Getting Things Done“ erinnert und habe sie mit einem weiteren Element gekoppelt.

Wenn ich heute in mein Postfach oder meine Nachrichten „schaue“, bedeutet das, dass ich aktiv mit diesen Nachrichten arbeite und dass ich mir vorher noch mal bewusst mache: Jede E-Mail und Nachricht wird nur einmal angefasst und damit sofort bearbeitet oder zumindest eingeplant. Das diszipliniert mich automatisch, sodass ich nicht zwischendurch reinschaue, denn ich müsste diese Nachricht ja sofort bearbeiten.

Dieses Vorgehen kannst du für alle Arten deines Nachrichteneingangs anwenden.

A. Bewusste Entscheidung, jetzt diesen Nachrichtenkanal zu bearbeiten. (Es ist hier egal, ob du das fünf Minuten oder eine Stunde lang tust. Hauptsache du machst dir bewusst, dass du jetzt deine Korrespondenz strukturiert durchgehst und alles gleich bearbeitest. Nicht nur lesen! Wenn du nicht alles schaffst, bleibt ja die Info über diese ungelesene Nachricht für das nächste Zeitfenster erhalten.)

B. Nun folgt die eigentliche Zwei-Minuten-Regel: Nachdem du eine Nachricht gelesen hast, entscheidest du dich für eine von drei verschiedenen Vorgehensweisen:

   1. Ist es eine E-Mail, die du nicht weiter benötigst, löschst du sie direkt. Im Chat gehst du einfach zur nächsten Nachricht.

2. Musst du die E-Mail hingegen beantworten, dann musst du entscheiden, ob du dies sofort machst oder sie einplanst. Genauso mit Chatnachrichten.
    2.1. Dauert die Erledigung nur zwei bis drei Minuten, dann erledigst du es sofort.
    2.2. Wenn mehr Zeit erforderlich ist, planst du diese Aufgabe ein (To-do-Liste, Kalender, etc.).
3. Dann gibt es noch E-Mails, die keine Antwort erfordern, aber wegen wichtiger Informationen nicht gelöscht werden sollten. Diese sortierst du sofort in den richtigen Ordner ein, damit sie dein Postfach nicht aufblähen. Im Chat kannst du sie entweder mit einem Stern markieren oder dir in deine Notizen kopieren.

Wichtig: E-Mails sind die To-do-Liste der anderen!

Also arbeite sie in definierten Zeiten ab, aber lass dich nicht den ganzen Tag vom Posteingang ablenken. Du hast ja deine „TOP 3" definiert und die gehen vor. Du wirst dafür bezahlt, dass du deine Arbeit schaffst – nicht die Arbeit der anderen. Ich möchte hier nicht die Bedeutung einer guten Zusammenarbeit und der schnellen Bearbeitung von E-Mails und anderen Anfragen herunterspielen. Aber wenn ich dann meine eigentliche Arbeit nicht mehr schaffe, ist das nicht Sinn der Sache.

Ein wissenschaftlicher Fakt an dieser Stelle: Laut Harvard

Business Review[1] werden Büroangestellte im Durchschnitt alle drei Minuten unterbrochen. Nimm hier als Unterbrechung deine E-Mails, in die du zwischendurch schaust. Diese Studie ergab, dass es ganze 23 Minuten dauert, um wieder zur ursprünglichen Aufgabe zurückzufinden. Warum das so lange dauert? Wenn ich eine E-Mail lese, mache ich mir sofort Gedanken über die Antwort. Meist überlege ich auch, ob ich direkt antworten soll und ob meine spontane Antwort passen würde. Ich bin also hin- und hergerissen und somit wirklich für 20 bis 30 Minuten komplett abgelenkt!

Prüfe deine E-Mails also nur zwei- bis dreimal am Tag. Oder läufst du zu Hause auch alle zehn Minuten zum Briefkasten? ;-)

PRO-TIPP

Wenn du nicht benötigte E-Mails löschst, prüfe insbesondere bei Newslettern, ob du sie weiterhin bekommen möchtest. Ansonsten erst abbestellen und dann löschen. Jede unnötige E-Mail, die dich nicht erreicht, spart dir Zeit.

---

1 Harvard Business Review, Conquering Digital Distraction, Larry Rosen und Alexandra Samuel.

Strukturen für eine Grundordnung

#Ziel: Mit guten Strukturen die Übersicht behalten und Vorbereitungszeiten auf ein gesundes Minimum reduzieren.

Um jederzeit schnell handlungsfähig zu sein, habe ich mir über die Jahre gute Grundstrukturen angeeignet – für alles Mögliche im Arbeitsumfeld. Diese Strukturen helfen mir, schnell ein Projekt aufzusetzen, kurzfristig ein Meeting zu übernehmen oder mit einem guten Aufwand-Nutzen-Verhältnis Workshops vorzubereiten. Ich denke quasi in Strukturen und in der Zusammenarbeit hilft es auch vielen Kollegen, wenn bestimmte Dinge vorgegeben sind. Sie brauchen sich also darüber keine Gedanken mehr machen und können sich auf ihre Aufgaben konzentrieren.

Ablagestrukturen

Die häufigste Handlung der Kollegen im Arbeitsalltag ist gefühlt das Suchen nach einer Datei. Bei mir ist das anders: Ich kann während einer Autofahrt einen Kollegen am Telefon durch meine Ordner zur passenden Datei navigieren. Es gibt nicht die eine auf alles perfekt passende Ordnerstruktur, aber ich komme mit weniger als einer Handvoll immer wiederkehrender Ordner-Strukturen aus. Deshalb habe ich sie im Kopf.

Bei der Ablage von Dokumenten gibt der Projektmanager die Ordnerstruktur vor. Jeder Mitarbeiter muss wissen, wo und in welcher Struktur die Dokumente abgelegt werden sollen. Wenn sie wirklich gut, einfach und eingängig ist, wird sie auch von anderen Projektmanagern übernommen. ;-)

Meine Ordner in einem Projekt sind:

- 00_Ausschreibung (oder Akquise, wird nicht immer benötigt, daher 00)
- 01_Auftrag
- 02_Planung
- 03_Meetings
- 04_Controlling und Abrechnung
- 05_Abnahmen
- 06_Kunden-Dokumente

Ab 07 kommen projektindividuelle Ordner wie einzelne Projektphasen oder Konzepte und Rohdaten.

Mein Vorschlag ist eine sehr projektspezifische Ordnerstruktur, aber du kannst sie sicher auf deine Themen anwenden. Für Ausschreibungen (= Kurz-Projekte), an denen wir teilnehmen und die ich koordiniere oder bei denen ich mitarbeite, gibt es ebenfalls eine feste Ordnerstruktur. So findet sich jeder, der etwas mit Ausschreibungen zu tun hat, immer schnell zurecht, auch wenn er nicht an dieser Ausschreibung beteiligt war.

Die Projekt- oder Themendokumentation im Intranet ist ebenfalls ein klassischer Fall für Grundstrukturen, die einmal vorgegeben werden sollten. Ansonsten entsteht schnell „Wildwuchs" und einzelne Seiten sind nur noch über die Suche zu finden.

Wichtig ist in diesem Fall, dass du als Projektmanager bzw. Verantwortlicher die Strukturen anlegst, BEVOR die Kollegen anfangen zu arbeiten. Die Struktur stelle ich in der Regel auch vor, sodass alle sie gesehen haben. Bei Aufgaben weise ich aber oft noch mal auf den richtigen Ordner hin, damit die Kollegen nicht lange überlegen müssen bzw. ich nicht hinterher die Dokumente passend ordnen muss.

Dokumentationsregeln

Neben der Dateiablage sollte ein Projektmanager auch die Dokumentationsregeln aufstellen.

- Was wird dokumentiert?
- Wer dokumentiert?
- Wo wird es dokumentiert?
- Wie wird es dokumentiert?

Dabei geht es oft um Absprachen, an die sich sonst nach einiger Zeit niemand mehr erinnern kann oder möchte.

Schaffe Regeln, wie Meetings, Kommunikation und das gesamte Projekt dokumentiert werden. Oft ist es ein Mix aus Filesystem, Intranet und E-Mails, aber dieser Mix sollte klaren Regeln folgen. Die Regeln lege ich im internen Kick-off-Meeting fest und sie werden im Intranet auf der Hauptseite des Projektes festgehalten. So kann jeder jederzeit nachschauen.

Dokumente

Wenn ich Dokumente erstelle, beginne ich ebenfalls als Erstes mit der Struktur. Was soll enthalten sein und in welcher Reihenfolge? Ich schreibe bereits jetzt Stichpunkte in die einzelnen Kapitel, damit ich meine Gedanken zum roten Faden direkt festhalte. Erst wenn die Grundstruktur steht, schreibe ich die eigentlichen Inhalte. Warum? Man kann doch erst mal alle seine Gedanken niederschreiben und danach ordnen? Ja, kann man machen. Kostet aber viel Zeit. Ich habe gelernt, dass ich wesentlich schneller zu einem sehr guten Ergebnis komme, wenn ich mir erst mal eine Struktur vorbereite – meinen roten Faden –, wie ich ein Konzept befülle oder einen längeren Brief aufsetze. Auch der Leser merkt, dass das Dokument einen roten Faden hat und sinnvoll aufgebaut ist. Natürlich erhältst du den roten Faden auch durch Überarbeitung. Nach meiner Erfahrung ist es aber schwerer und zeitraubender. Gerade zum Ende hin möchte man eigentlich nur noch fertig werden und dann bleibt die gründliche Überarbeitung etwas auf der Strecke.

Also: Einmal 10 bis 15 Minuten Gedanken über den Aufbau machen und diesen hinterlegen. Dann können die Inhalte erstellt werden – gern auch in frei gewählter Reihenfolge. Deine Stichpunkte im Kapitel geben ja vor, was dort hineinsoll.

E-Mail-Ordner

Hier hat es sich bewährt, dass ich Absprachen zum Projekt immer in entsprechenden Ordnern zum Auftrag festhalte. Da die Absprachen meist per E-Mail eingehen, gibt es neben dem Hauptprojektordner für das Projekt auch einen Ordner „Absprachen". So habe ich alle Absprachen schnell zur Hand, denn im Hauptprojektordner befinden sich schnell mal mehrere hundert E-Mails. Telefonische Absprachen halte ich immer per E-Mail fest und sie landen dann ebenfalls im Ordner „Projektabsprachen". Sollte es sich um eine Erweiterung oder Verringerung des Auftrages handeln, die wir mit einem Protokoll dokumentieren, dann kommt eine Kopie des Protokolls in den Ordner „01_Auftrag". Ich habe also zwei definierte Orte, an denen ich diese Themen finde.

Im Grunde müssen bei der Organisation von Projekten und anderen Themen immer zwei Fragen beantwortet werden:

- Welche Informationen fallen an?
- Wo werden diese abgelegt?

Meetings

Für den Ablauf der meisten Meetings habe ich ebenfalls eine Grundstruktur. Die wichtigste lautet:

Kein Meeting ohne Agenda oder Zielfrage.

Wenn nur eine Zielfrage vorhanden ist, lasse ich zu Beginn klären, wie wir uns zum Ergebnis vorarbeiten wollen. Das ist der Fahrplan und die Struktur, damit das Meeting auch effizient und vor allem zielorientiert ablaufen kann. Alle Teilnehmer können sich daran orientieren und der Moderator des Meetings merkt, wann die Beteiligten nicht mehr beim Thema sind und kann alle zur Agenda zurückholen. So gehe ich wertschätzend mit der Zeit aller um.

Es gab schon Meetings, die wurden vom Kunden komplett umgekrempelt. Gleich zu Beginn übernahm der Kunde das Wort und wollte ganz andere Themen besprechen. In diesen Momenten half mir meine Meetingstruktur. Ich habe gemeinsam mit dem Kunden erarbeitet, was nun das neue Ziel und die neue Agenda für das Meeting sein soll. Gleichzeitig haben wir gemeinsam geprüft, ob das Meeting durchführbar ist. Sprich: Sind alle benötigten Personen anwesend oder kurzfristig verfügbar? Sind technische Zugänge verfügbar?

TIPP

Das hört sich alles aufwändig an, das Gegenteil aber ist der Fall. Dadurch, dass ich mir um die meisten dieser Strukturen kaum oder nur kurz Gedanken machen muss, sind die Arbeit und auch die Vorbereitungen schnell erledigt. Du schaffst dir einmal gut durchdachte Strukturen und anschließend können alle Beteiligten schnell und effizient arbeiten.

Vorbereitung und Plan B

#Ziel: Vorbereitung als DER Schlüssel für gute Ergebnisse.

Eines gleich vorweg: Vorbereitung ist mehr als die halbe Miete!

Ein Grundsatz von mir ist: Ich nehme mir Zeit für die Vorbereitung, damit ich es einmal durchdenke und danach alles im Kopf habe, was wichtig ist. Es muss dann quasi „nur noch" umgesetzt werden. Die ersten Kapitel mit den „TOP 3", der Tages- und Wochenplanung haben dir ja schon gezeigt, dass die Vorbereitung für mich einen sehr großen Stellenwert hat. In diesem Kapitel möchte ich dir zeigen, dass sich das noch auf weitere Bereiche meines Arbeitsalltags bezieht. Keine Sorge: Wenn diese Dinge in deine Routine übergegangen sind, nehmen sie nur wenig Zeit in Anspruch, sparen dir aber viel Zeit und Nerven.

Projekt- bzw. Aufgabenplanung

In die Projektplanung fließt bei mir sehr viel ein. Ich durchdenke einmal das gesamte Projekt bzw. die Aufgabe. Sprich: Ich gehe wirklich gedanklich Schritt für Schritt durch und überlege mir, wie die Durchführung aussehen kann, was und wen wir dafür benötigen, wie das Ganze dokumentiert wird, wie wir die Übergabe und Abnahme gestalten. Die Vorbereitung, die ich in ein Projekt stecke, zahlt sich um ein Vielfaches wieder aus. Auch die einzelnen Aufgaben gehe ich unter den Gesichtspunkten durch, was diese für mich bedeuten und wie ich sie bearbeiten will. So fallen mir oft noch Punkte auf, die ich zur Erledigung benötige. Wenn ich dieses Durchdenken kurz nach Erhalt der Aufgabe mache, kann ich direkt eine Rückmeldung geben, ob ich alles verstanden habe oder mir noch Informationen fehlen. Auf diese Weise muss niemand auf den letzten Drücker arbeiten. Außerdem schaue ich bei der Aufgabenprüfung auch gleich, was ich gut nacheinander bearbeiten kann. Oftmals ergeben sich Synergien.

Meetings

Bereite Meetings so vor, dass sie effizient ablaufen können. Denke dabei vom Ende her: Welches Ergebnis soll am Ende des Meetings stehen? Eine klare Agenda oder ein klares Ziel, eventuell sogar genaue Zeitvorgaben für die Agendapunkte machen Meetings effektiv.

Eine weitere, wichtige Vorbereitung von mir: Ich mache mir vor dem Meeting Gedanken, wie wir es am besten dokumentieren. Gerade wenn wir inhaltlich arbeiten, steigen die meisten schnell fachlich in das Thema/Projekt ein und am Ende steht dann oft die Frage im Raum, wie wir das Besprochene festhalten und ob jemand mitgeschrieben hat. Deshalb mache ich mir vorher Gedanken über die Dokumentation und bestimme ggf. einen zusätzlichen Protokollanten.

Wenn du beide Punkte zusammennimmst – also „Was soll am Ende herauskommen?“ und „Wie dokumentieren wir das Meeting?“, dann hast du den Großteil der wichtigen Vorbereitung erledigt. Ich gehe häufig noch einen Schritt weiter und bereite auch schon die Dokumentationsseite vor. Im Meeting kann ich dann alle dorthin leiten. Warum? Die Art der Dokumentation beeinflusst stark die Bearbeitung. Gibst du eine Tabelle vor, werden sich alle darauf konzentrieren, diese Tabelle auszufüllen und genau in diesen Kategorien denken. Bei einem Canvas, zum Beispiel Projekt-Canvas, werden sie genau über diese Punkte sprechen. Das ist wirklich zielorientiert: Wenn allen auch optisch klar ist, was am Ende herauskommen soll. Wenn die Dokumentation bzw. das Ergebnis des Meetings klar ist, dann können alle fleißig fachsimpeln.

Mündliche Kommunikation

Das Thema Vorbereitung gilt auch für Telefonate: Was will ich am Ende des Telefonats gelöst haben oder wissen? Also vorher die eigenen Gedanken sammeln, um das Anliegen kurz, aber verständlich zu formulieren. Schreib dir die für dich wichtigen Punkte auf, die du besprechen möchtest. Ich priorisiere zusätzlich noch, falls mein Gesprächspartner wenig Zeit hat und ich nur ein oder zwei Punkte anbringen kann.

Denke vom Ende her: Was soll das Ergebnis des Meetings sein? Sofort wird das Meeting für alle klar und zielorientiert.

Plan B

Sollte sich dein Plan für das Projekt, das Meeting oder andere Tätigkeiten plötzlich durch äußere Umstände ändern, hast du durch die gute Vorbereitung immer das Ziel vor Augen und findest deutlich schneller Alternativen als ohne eine gute Vorbereitung. Wenn ich mich auf ein wichtiges Meeting oder einen Workshop vorbereite, dann habe ich IMMER auch einen Plan B und C. Manchmal auch Plan B, C, D und E. ;-)

Also Ausweichoptionen, wenn etwas nicht wie geplant funktioniert oder sich der Tag anders entwickelt. Ja, das ist mehr Vorbereitung, aber dafür fühle ich mich sicherer und bin im Falle des Falles sofort handlungsfähig und muss nicht erst überlegen.

Vorlagen

#Ziel: Mit guten Vorlagen qualitativ hochwertige Ergebnisse mit wenig Aufwand erstellen.

Wenn man einmal erlebt hat, was eine gute Vorlage ist und wie man damit arbeitet, möchte man nichts anderes mehr tun! Ich übertreibe nicht, denn ich habe es insbesondere mit Word und PowerPoint selbst erlebt: Mit einer guten Vorlage ist ein Konzept oder die Präsentation in kurzer Zeit Management-tauglich erstellt. Ich brauche mir dabei nur über die Inhalte Gedanken machen, beim Rest hilft mir die Vorlage. In einem Viertel der Zeit erstelle ich nun richtig gute Ergebnisse – und ich bin kein Visualisierungsprofi.

Bei vielen Arbeiten bin ich deshalb so schnell, weil ich entweder fertige Dokumentvorlagen oder den Inhalt im Kopf habe. Beispiele hierfür sind: Projektpläne, Projektkalkulationen, Projektmeetings. Zu bestimmten Projektthemen gibt es wiederholbare und erfolgreich getestete Abläufe. Bei mir sind das Rolloutprojekte (Hardware, Software), Software-Erstellungsprojekte, IT-Infrastruktur-Projekte oder Migrationsprojekte.

Was sind die wichtigsten Vorlagen, mit denen ich arbeite? Hier eine kleine Übersicht:

- Briefvorlage
- Kick-off-Agenda
- Statusmeeting-Agenda
- Protokoll
- Statusbericht
- Konzept
- Terminanfrage-E-Mail
- Projektpläne für meine wichtigsten Projektthemen (habe ich in jeder Firma teils erarbeitet, teils vorgegeben bekommen)
- Abnahmeprotokoll
- Entscheidungsvorlage (PowerPoint, E-Mail)

Dokumentvorlagen

In der Regel muss ich diese nicht selbst erstellen. In den meisten Unternehmen gibt es fertige Vorlagen für Word-Dokumente. Hier prüfe ich, ob die Vorlagen wirklich gut sind und gebe Verbesserungshinweise oder Wünsche weiter. Eine gute Vorlage spart dir bestimmt die Hälfte der Zeit oder noch deutlich mehr, da du dich ganz auf die Inhalte konzentrieren kannst.

Was macht eine gute Vorlage aus? Ganz einfach: Alles, was zum Layout gehört, ist bereits vorhanden.

Für Briefe gibt es in der Regel immer eine gute Vorlage in den Unternehmen, die du direkt für Anschreiben oder offizielle Korrespondenz außerhalb von E-Mails nutzen kannst. Häufig werden diese offiziellen Schreiben auch als Anhang an E-Mails versendet, um schneller den Empfänger zu erreichen als auf dem rein postalischen Weg.

Bei Konzepten ist das sehr unterschiedlich. Hier achte ich auf:

- ein Deckblatt,
- ein Inhalts- und Abbildungsverzeichnis sowie eine
- nummerierte Absatzformatierung und
- eine Abschluss-Seite (optional).

Eine gute Absatzformatierung solltest du nicht unterschätzen – sie spart Zeit und Nerven.

PowerPoint-Vorlagen:

Auch in PowerPoint macht sich eine gute Vorlage in vielfacher Hinsicht bezahlt. Du erhältst nicht nur professionelle Folien, sondern hast damit auch sehr schnell Präsentationen erstellt. Ich achte neben mehreren Varianten von Inhaltsfolien auch darauf, dass für Grafiken und Übergänge passende Folienvorlagen mit unterschiedlichem Layout vorhanden sind. Eine weitere Arbeitserleichterung ist es, wenn die Farben der Corporate Identity bereits eingepflegt sind.

In den meisten Unternehmen kann man diese Wünsche zu Word- und PowerPoint-Vorlagen an das Marketing oder die Presseabteilung geben, die sich um solche Unterlagen kümmern. Ansonsten erstelle ich mir einmal eine Word-Vorlage und arbeite mit dieser. Je nachdem wie PowerPoint-lastig deine Arbeit ist, kannst du das genauso für PowerPoint-Dokumente tun. Die Statusberichtsvorlage leite ich meist von der Konzeptvorlage oder einer PowerPoint-Vorlage ab. Das ist meist nur eine Stunde Aufwand, aber ich habe dann für meine Projekte eine fertige und griffbereite Vorlage.

Hier solltest du klären, ob du das darfst. Manche Unternehmen sind hinsichtlich der Vorlagen sehr restriktiv.

Projektmeetings oder Meetings sind generell ein Thema, das viel Zeit in Anspruch nimmt. Hier machen sich meine Vorlagen ebenfalls deutlich bemerkbar. Für Kick-offs, Statusmeetings, Reviews (wir zeigen beim agilen Vorgehen mit Scrum dem Kunden eine fertige Funktion im Review und nehmen sein Feedback auf) und Abschlussveranstaltungen habe ich eine feste Agenda, die ich bei Bedarf anpasse. Das passiert einmal zu Beginn des Projektes (oder der Meetingserie). Ich mache mir also nur einmal Gedanken. Die Agenda wird auch immer mit dem Termin oder der Terminserie gesendet. So kennen alle den Ablauf.

Wie du siehst, arbeite ich sehr gern mit Vorlagen aller Art: Projektdokumente, E-Mails, Agenden, Projektpläne. Warum? Hier kommt eine besondere Eigenschaft der meisten Menschen zum Tragen: Etwas Vorgegebenes zu ändern ist deutlich einfacher, als eine gute oder gar druckfertige Version im ersten Schritt auf weißes Papier zu bringen. So geht es mir auch. Wenn ich für bestimmte Projekte eine Vorlage habe, an der ich mich orientieren kann (eigene oder fremde Vorlage), dann sehe ich in der Regel sofort, was für dieses Projekt angepasst oder komplett geändert werden muss. Für meine Themen habe ich die Vorlagen immer griffbereit. Meist passen sie direkt oder müssen nur ein wenig angepasst werden. Das geht aber in der Regel wesentlich schneller, als sich für jeden Kunden und für jedes Projekt alles neu auszudenken.

Wenn's schnell gehen muss, sind Vorlagen dein bester Freund.

Wahrscheinlich stellst du dir gerade die Frage: „Wie und wo fange ich an?" Am Anfang hatte ich weder eine Sammlung an Vorlagen noch Standards zu den Abläufen. Aber ich habe angefangen, gute E-Mails zu sammeln. Dafür gibt es bei mir einen eigenen E-Mail-Ordner „Gute E-Mails" (du darfst jetzt auch gern lachen oder schmunzeln). Weiterhin habe ich wiederkehrende E-Mails zu einem Textbaustein gemacht (anfangs in Autotext, da ich nicht wusste, dass es dafür richtige Programme gibt). Für die Vorlagensammlung habe ich zuerst Agenden von Meetings gesammelt, die aus meiner Sicht gut organisiert waren. Weiterhin habe ich Projektdokumente gespeichert, die ich hilfreich fand[2].

Wenn du damit starten möchtest, kannst du dich auch mit einem oder zwei Kollegen zusammentun und Vorlagen erstellen. Die meisten sind sehr interessiert daran, sich den Arbeitsalltag zu erleichtern (Stichwort: Strategiezeit, die auch gemeinsam genutzt werden kann).

TOOLTIPP

- Ordner für deine Dokumentvorlagen (zentral abgelegt, falls die Festplatte kaputt geht, aber so, dass die Datenschutzanforderungen eingehalten werden)
- E-Mail-Ordner für E-Mail-Vorlagen
- Intranetvorlagenseiten

---

2 Hinweis: Alle Vorlagen verblieben beim jeweiligen Arbeitgeber. Aufgrund der Vertraulichkeitsvereinbarungen in den üblichen Arbeitsverträgen habe ich diese Dokumente bei einem Stellenwechsel nicht mitgenommen. Sehr wohl aber das Wissen, da ich mich mit dem grundsätzlichen Aufbau beschäftigt und ihn für mich adaptiert habe. Außerdem merke ich mir sehr gut die Punkte, die mich begeistern oder beeindrucken.

Textbausteine

#Ziel: Schnelle Standard-Kommunikation.

Ich bin ein großer Fan von Textbausteinen und Shortcuts geworden. Ein oder zwei Tastenkürzel eingeben und schon steht ein fertiger Text in der E-Mail. Noch einmal drüberlesen, ob alles passt und dann absenden. Von 20 Minuten E-Mail-Schreiben auf unter drei Minuten kommen – pro E-Mail. Deshalb nutze ich entweder ein Programm für Textbausteine oder die Wortersetzungsfunktion in Windows (Autotext), die in Outlook und Word funktioniert. Auf dem Mac gibt es sogar in Mail die Möglichkeit, sich E-Mails als Vorlagen zu speichern. Am besten ist ein Programm für Textbausteine, da dieses universell in alle Anwendungen die Textbausteine eingetragen kann und sogar noch Funktionen wie „Einfügen des aktuellen Datums an Stelle x" oder auswählbare Anreden enthält.

Ich versuche an möglichst vielen Stellen, die sich regelmäßig wiederholen, solche Textbausteine zu erstellen. Meine Kommunikation ist schnell, einheitlich, auf einem hohen Niveau und kostet mich keine Kraft.

Ein konkretes Beispiel:

Wenn ich ein Angebot an einen Kunden versende, dann habe ich für jedes Themengebiet einen Standard-Textblock. Den füge ich entweder im Anschreiben oder in der E-Mail an den Kunden ein. Kein langes Überlegen, sondern ein paar Tastenkürzel und fertig ist die E-Mail. Kommt ein neues Thema hinzu, so wie dieses Jahr mit einer neuen Projektart, dann überlege ich mir einmal (!) einen passenden Standard-Angebotstext für diese Projektart und nutze diesen Text dann immer wieder.

Wiederkehrende Aufgaben in Projekten, die sich mit Textbausteinen hervorragend bedienen lassen, sind:

- Meetingvorbereitung (Kick-off, Workshop, etc.)
- Protokollversand
- Angebote und Zusatzangebote
- Übergaben (Delegation von Aufgaben, aber auch Urlaubsübergaben)
- Alle regelmäßig wiederkehrenden E-Mails, wie zum Beispiel die monatliche Reisekostenabrechnung

PRO-TIPP

Wenn ein Kollege oder Kunde einen ungewöhnlichen Namen hat, habe ich diesen auch als Textbaustein oder im Autotext eingefügt. Seitdem habe ich diesen Namen immer richtig geschrieben.

TOOLTIPP

- „Bordmittel" Windows: Autotext in Word und Outlook
- „Bordmittel" Mac: In Mail können E-Mails als Vorlagen gespeichert werden
- PhraseExpress/TextExpander

Erst eliminieren, dann rationalisieren

#Ziel: Von Anfang an auf das wirklich Notwendige fokussieren und keine unnötigen Mehrarbeiten aufbauen.

Im Projektmanagement ist es wie in vielen Unternehmen: Wenn Zeit da ist, aber auch, wenn man es besonders gut machen will, wird gern mal ein Wasserkopf aufgebaut. In Projekten beispielsweise in Form von zu vielen Meetings. Deshalb geht es in diesem Kapitel darum, dass du dich von Anfang an auf das wirklich Notwendige fokussierst. Das geht gut, wenn du dich in eine intensive Zeit mit viel Arbeit hineinversetzt – unter diesen Bedingungen solltest du dein aufgebautes Konstrukt auch noch bewältigen können. Wenn du siehst, dass das nur mit viel Arbeit und Überstunden möglich ist, dann ist jetzt gleich am Anfang der richtige Zeitpunkt, um das zu ändern: erst eliminieren und dann rationalisieren.

Eliminieren

Hast du schon mal überlegt, dein Projekt zu vereinfachen?

Die meisten sagen hier „Ja, klar". Wenn man das aktiv machen will, weiß man aber erst einmal nicht, wo man anfangen soll. Gefühlt ist alles wichtig. Ich habe für mich ein Zitat von Coco Chanel als Inspiration genutzt:

„Bevor eine Lady das Haus verlässt, sollte sie in den Spiegel sehen und ein Accessoire abnehmen."

So kannst du das auch in Projekten handhaben. Wenn du dein Projekt geplant und fertig aufgesetzt hast, geh einmal durch folgende Themenbereiche und überlege, welchen Teil du weglassen kannst:

- Meetings
- Berichte
- Tools, Boards
- Kommunikationswege/-kanäle
- Entscheidungshoheiten
- Ordnerstruktur, Dokumentationsstruktur
- Mehrere, nicht gekoppelte Arten der Projektplandarstellung

Für mich ist Zusammenfassen auch eine Form von Weglassen. Manche Meetings können zusammengelegt werden, bestimmte Berichte für mehrere Adressaten verwendet werden. Wichtig dabei ist, dass du weißt, was in deinem Projekt essenziell und was Bonus ist.

Und? Hast du einen Punkt zum Weglassen entdeckt?

Es geht nur um einen Punkt und den gibt es meiner Erfahrung nach in jedem Projekt.

Ach ja: Falls du den Wald vor lauter Bäumen nicht mehr siehst, frag einfach dein Team.

Rationalisieren

Ich habe in den vielen Jahren einige Projektmanager kennengelernt, die auf den ersten Blick ungewöhnlich vorgegangen sind. Zuerst dachte ich, dass sie unsauber arbeiteten, da sie nicht alles anwendeten, was ich im Projektmanagement gelernt hatte. Bei genauerem Hinsehen habe ich jedoch gemerkt, dass sich diese Kollegen auf die wirklich notwendigen Punkte fokussierten und absolut zielorientiert arbeiteten. Einige Kunden fanden das anfangs irritierend. Aber sobald sie einen deutlichen Fortschritt des Projekts registrierten, ließen sie sich auf diese Arbeitsweise ein.

Was habe ich aus meiner Beobachtung gelernt? Wisse genau, was du als Projektmanager an Planung, Meetings, Dokumentation und Ergebnisdokumenten wirklich benötigst, um ein Projekt erfolgreich durchzuführen. Wenn du diese Vorbereitung erledigt hast und konsequent durchführst, bleibt Zeit für den zweiten wichtigen Teil der Projektarbeit: Die Menschen in deinem Projekt. Es kostet viel Zeit und viele Absprachen, bis alle die nötigen Informationen bekommen und auch verarbeitet haben. Die unkonventionell – oder besser gesagt: rational – arbeitenden Projektmanager hatten durch diese Art, ihre Aufgaben anzugehen, die Zeit für diese Gespräche, weil sie sich nicht mit der Erstellung eines zehnseitigen Statusberichtes beschäftigt haben. Nichts gegen Statusberichte, aber eine kurze Zusammenfassung ist fast allen Adressaten lieber als einen zehnseitigen Bericht zu lesen.

Delegieren mit wirklicher Entlastung

#Ziel: Das Arbeitspensum sinnvoll reduzieren.

Die zentralste Information gleich zu Beginn des Kapitels: Du musst als Projektmanager nicht alles selbst erledigen! Du solltest aber wissen, was deine Aufgaben sind und was unverzichtbar für das Gelingen von Projekten ist. Es gibt definitiv Aufgaben, die originär in der Verantwortung des Projektmanagers liegen, aber bei den meisten Aufgaben kann er sich Unterstützung holen.

Prüfe mal deine Aufgabenliste mit einem ehrlichen Blick, was du davon abgeben kannst und was du wirklich selbst erledigen solltest. Viele „Fleißaufgaben“ können delegiert werden und ermöglichen dir, deine Zeit für andere Themen einzusetzen. Hier einige Beispiele aus meinem Alltag:

- Erstellung Statusbericht (du prüfst nur final)
- Vorbereitung Reviewmeeting (der Scrum Master kann in der Vorbereitung die Team-Informationen einsammeln,

sodass du dich auf deinen Teil der Informationen für das Meeting konzentrieren kannst)

- Aktualisierung der Controlling-Zahlen (eine Projekt-Assistenz oder ein Kollege kann die Zahlen vorbereitend sammeln und aufbereiten)
- Dienstleistersuche für bestimmte Projektaufgaben (dies schaffen mit einem guten Briefing die meisten Kollegen und du brauchst nur die finalen Firmen anschauen und entscheiden)
- Erstellen von Entscheidungsvorlagen (das sollten Teilprojektmanager und Produktmanager, aber auch die meisten anderen Kollegen gut aufbereiten können. Falls sie es noch nicht können, ist es eine gute Übung. Die Entscheidungsvorlage bereiten sie für ihr Thema vor und du nimmst es nach einer gemeinsamen Vorbesprechung mit in den Lenkungsausschuss oder zum Entscheider.)

Insbesondere bei umfangreichen Aufgaben hat es sich bewährt, diese in kleinere Teilaufgaben zu zerlegen. Denn dann können die Teile leichter an Kollegen abgegeben oder zeitlich nacheinander bearbeitet werden.

Warum solltest du delegieren? Selbst wenn du deine Aufgaben perfekt priorisierst, kann es vorkommen, dass plötzlich mehrere wichtige und dringende Aufgaben gleichzeitig gelöst werden müssen, deren Erledigung selbst bei vielen Überstunden unrealistisch ist. Gerade als Projektmanager hilft es dir und dem Projekt wenig, wenn du alle Aufgaben übernimmst und so lange arbeitest, bist du irgendwann ausfällst. Du hast die Verantwortung und solltest dafür sorgen, dass gerade du immer leistungsfähig und handlungsfähig bleibst, indem du eben nicht einen vollgestopften Tag bis in die Nacht hast. Weiterhin ist es für dein privates Umfeld ebenfalls besser, wenn du dafür noch Energie und Freude hast. Das sorgt für den nötigen Ausgleich und gibt Kraft für den Job.

Wenn es doch zu einer Hochphase im Projekt kommt und sehr viele Aufgaben auf deinem Tisch gelandet sind (oder du dir vielleicht auch selbst geangelt hast), dann sprich mit deinen Vorgesetzten, welche Aufgaben aufgeschoben oder an andere Mitarbeiter übergeben werden können. Dabei ist die Abgabe von Aufgaben kein Eingeständnis von Überforderung oder Ineffizienz, sondern von Überblick und richtiger Priorisierung. Sieh es eher als wertvollen Beitrag zum Unternehmensergebnis an, von dem alle profitieren. Dennoch solltest du dir genau überlegen, welche Aufgabe du abgibst. Dauert die Einweisung des Kollegen deutlich länger als die Erledigung, so solltest du prüfen, ob es passendere Aufgaben für ihn gibt. Weiterhin bieten solche Delegationen auch die Möglichkeit, jemanden in Aufgaben und Themen einzuarbeiten.

Finde eine gesunde Lösung für alle – inklusive deiner Person!

Delegieren ist nur der erste Schritt. Danach folgt die richtige Übergabe von Aufgaben, sodass aus dem Delegieren eine spürbare Entlastung wird. Wenn du einem Kollegen eine Aufgabe per E-Mail übergibst, muss klar sein, was genau der andere erledigen soll, was nach der Erledigung geplant ist oder was er bei Rückfragen tun soll. Teilweise können Rückfragen bereits vorweggenommen und geklärt werden. Ich finde hier den Tipp vom Timothy Ferriss aus seinem Buch „Die 4-Stunden-Woche" großartig. Er empfiehlt, möglichst alle Fragen in der Übergabe-E-Mail zu beantworten. So verhindert man einen zeitraubenden E-Mail- oder Chatwechsel für beide Seiten. Die Übergabe per E-Mail sollte genauso akkurat erfolgen wie die Übergabe in einem persönlichen Gespräch. Wichtige Punkte sind:

- Was ist die genaue Aufgabe?
- Bis wann soll sie erledigt sein? (Datum, Uhrzeit)
- In welcher Qualität soll sie erledigt werden?
- Wie wird das Ergebnis weiterverwendet?
- Wer sind bei Fragen die Ansprechpartner?

Optional:

- Wo gibt es zugehörige Informationen? (mit konkreten Links auf Intranetseiten oder Links im Dateisystem und jeweils kurzer Erläuterung)
- Wo soll das Dokument abgelegt werden? (mit genauem Link)
- Welche Dokumentvorlage soll verwendet werden?

Pausen

#Ziel: Mit Pausen eine dauerhaft hohe Effizienz und Effektivität sichern.

Wenn wir arbeiten, brauchen wir nicht nur die Pause, die wir durch den Feierabend haben. Das Gehirn reagiert genauso wie unsere Muskeln: Wenn diese intensiv beansprucht werden, brauchen sie danach eine Regenerationspause. Genauso braucht auch unser Gehirn Auszeiten. Wer sehr intensiv und konzentriert arbeitet, braucht mehr Pausen.

Übrigens: Kein Leistungssportler lässt seine Regenerationspausen ausfallen! Denn das ist genau die Zeit, in der sich seine Leistung aufbaut. Falls er die Pause nicht einhält, führt das langfristig zu einem Leistungsabfall.

Die positive Nachricht daran ist: Wenn das Gehirn wie ein Muskel reagiert, dann kann es auch wie ein solcher trainiert werden. In diesem Fall hinsichtlich Konzentrationslänge und Fokus.

Für das Training deines Gehirns findest du in diesem Buch viele Tipps. Blättere einfach vor und zurück. Deshalb möchte ich mich hier auf den zweiten Aspekt des „Gehirntrainings" konzentrieren: die Regenerationspause.

„Dafür habe ich keine Zeit!"

Wenn ich Kollegen oder Kunden eine Pause vorschlage, folgt häufig dieser Satz. Was sich lustig anhört, ist eigentlich ein Zeichen, wie dringend sie die Pause brauchen. Denn ohne Pausen laufen wir alle Gefahr, uns selbst auszubeuten oder in die Erschöpfungsfalle zu tappen.

Deshalb ist hier eine Liste, welche Anzeichen es gibt, dass du eine Pause brauchst:

- wenn du bei einem Thema nicht weiterkommst,
- wenn du dich nicht mehr konzentrieren kannst,
- wenn du dich gestresst oder überfordert fühlst,
- wenn du (mehr) Fehler machst,
- wenn du ständig kleine Ablenkungen suchst,
- wenn du müde oder demotiviert bist.

Das ALLES sind Zeichen, dass eine Pause längst überfällig ist!

Wenn du nun eine Pause machst, die wirklich erholsam sein soll, braucht es Folgendes:

- Eine richtige Unterbrechung deiner Arbeit / deiner Aufgabe
- Eine richtige Ruhephase, in der du nicht daran denkst
- Einen neuen Anfang mit deiner Arbeit / deiner Aufgabe

Wann ist die beste Pausenzeit?

Laut Arbeitszeitgesetz ist die Pause erst nach sechs Stunden verpflichtend. Die allerwenigsten (ich kenne niemanden) können aber sechs Stunden durchweg hochproduktiv und hochkonzentriert arbeiten. Deshalb solltest du nicht bis zur Mittagspause warten, sondern idealerweise schon am Vormittag ein oder zwei Pausen machen – je nachdem, wann du morgens beginnst. Daher mein Tipp: Versuche jede Stunde eine kurze Pause zu machen und nach vier Stunden eine längere Pause. Mit den Meetingtipps aus dem Kapitel „Tagesplanung" ist das definitiv möglich.

Für die Pausenlänge gilt: Mehrere kurze Pausen sind erholsamer als eine lange Pause. Deshalb gehe ich auch gerne zwei- bis dreimal mit den Kollegen zur Kaffeemaschine. Die regelmäßige Entlastung des Gehirns schenkt also letztlich mehr Energie. Damit es sich erholen kann, sind meist nur fünf bis zehn Minuten notwendig. Nimmst du nur eine Pause von 30 Minuten, hast du auch nur eine Erholungsphase. Jemand, der mehrere kurze Pausen einlegt, kann hingegen dreimal sein Gehirn runterfahren und fühlt sich danach frisch und erholt.

Ohne Energie keine Freude an der Arbeit,
ohne Freude keine Effizienz.

Hier noch einige Tipps, die deine Pause erholsam machen:

- Gedanken und Blick schweifen lassen
- Spaziergang (oder einfach die Küche in einer anderen Etage nutzen)
- Mit Kollegen reden und lachen
- Essen und trinken
- Büro lüften
- Bewusst atmen und Augen entspannen
- Keine Reizüberflutung durch Medien wie Handy und Tablet zulassen

Die Grundregel für eine erholsame Pause ist: Tu das, das was dich glücklich macht. Erzwinge nichts.

Kleine Erinnerung – die ich mir selbst häufig sagen muss und dir ebenfalls mitgeben möchte:

Wenn du merkst, dass du ständig eine kleine Ablenkung suchst, dann mach eine Pause. Fünf Minuten aktive Pause sind besser als 30 Minuten zu versuchen, in Schwung zu kommen.

Richtige Arbeitsausstattung

#Ziel: Mit der richtigen Ausstattung effizienter und effektiver arbeiten.

Minimum für effizientes Arbeiten ist ein Notebook – damit bist du im beruflichen Umfeld flexibel und kannst dein „zweites Gedächtnis" überall hin mitnehmen. Ich achte hier vor allem darauf, dass es leicht ist und eine hervorragende Akkulaufzeit hat, damit ich viele Stunden ohne Unterbrechung arbeiten kann (ich möchte auch nicht immer das Netzteil mitnehmen). Wer für die Arbeit viel unterwegs ist und nicht überall WLAN hat, für den ist ein Notebook mit SIM-Karte interessant. Alternativ kannst du das Handy als Hotspot nutzen.

Im Büro besteht mein Ideal-Arbeitsplatz aus einer Dockingstation mit zwei externen Monitoren, Maus und Tastatur. Zusätzlich klappe ich das Notebook als dritten Monitor für Chats und E-Mails auf. Einige Kollegen bevorzugen die Arbeit mit nur einem Monitor, um fokussierter zu sein. Das kann auch funktionieren. Da ich aber oft mit mehreren Dokumenten, Intranetseiten und Programmen arbeite, ist für mich das parallele

Sehen aller Dokumente auf verschiedenen Bildschirmen sehr wichtig.

Hinzu kommt für mich ein weiteres wichtiges Ausstattungsfeature: Das Headset für freihändiges Telefonieren und Mitschreiben. Idealerweise ist es ein kabelloses Bluetooth-Headset. Nur so kann ich meine Tipps aus den Kapiteln „In Time" und „Digital arbeiten" umsetzen, denn ich brauche beide Hände auf der Tastatur, um schnell mitschreiben zu können.

Zusätzlich habe ich noch eine externe Webcam für Webmeetings auf dem mittleren Hauptmonitor platziert. Damit bin ich besser zu sehen und schaue die meiste Zeit gerade in die Kamera. Wenn das Notebook mit der Dockingstation neben den beiden externen Monitoren steht und man die eingebaute Kamera benutzt, schaut man quasi weg vom Meeting und damit auch von den Kollegen. Das ist aber bei weitem nicht so tragisch wie keine Webcam zu haben!

Übrigens: Mein privater Arbeitsplatz zu Hause ist genauso ausgestattet – dort möchte ich ebenfalls effizient arbeiten. Ehrlicherweise sei gesagt, dass ich wirklich gern mit drei Monitoren arbeite und mir schon vor vielen Jahren diese Ausstattung gegönnt habe.

Medienbrüche reduzieren

#Ziel: Zeitersparnis durch weniger Medienbrüche.

Wichtigster Grundsatz für mich ist: Reduziere die Tools für deine Arbeit, damit du weniger Medienbrüche hast. Um dir schnell einen Überblick zu verschaffen und ihn zu behalten, solltest du nur mit wenigen Tools arbeiten. Auch für alle weiteren Schritte ist es zeitsparender, nicht ständig die Aufgaben von einem Tool ins nächste zu kopieren.

Die zentralen Fragen für die Toolauswahl sind folgende:

- Wie kommen die meisten Informationen und Aufgaben zu dir?
- Welche(s) Tool(s) nutzt du am häufigsten?

Das sind auch die Tools, die bei allen Programmen, die du nutzt, einen zentralen Punkt einnehmen sollten und die in alle anderen Arbeitsschritte per Klick integrierbar sein sollten.

Tipp: Lerne für deine Haupttools die wichtigsten Tastenkombinationen, sodass du Routineaktionen schneller ausführen kannst.

Mein Haupttool ist der Kalender. Er bietet zwei Vorteile: Erstens schaue ich täglich mehrmals in den Kalender und sehe, was ansteht. Zweitens sehen auch meine Kollegen, was und wie viel ich zu tun habe. Ein positiver Nebeneffekt ist: Wenn ich alle meine Aufgaben in den Kalender eintrage, dann sehe ich sofort, wenn ein Tag oder die ganze Woche schon voll ist. Ansonsten besteht immer die Gefahr, dass zu einem vollen Kalender noch eine lange To-do-Liste dazukommt. Im Kalender sind nicht nur die üblichen Meetingtermine eingetragen, sondern auch

- Blocker (mit einer Liste der To-dos, die ich in dieser Zeit bearbeiten möchte),
- meine Erinnerungen (ja, auch Erinnerungen versenden oder Nachfassen sind immer wieder 15 Minuten, insbesondere wenn man sich vorher noch mal die Notizen des letztens Gesprächs anschauen muss) und
- wichtige Meilensteine für Projekte (insbesondere, wenn eine Auslieferung von Ergebnisdokumenten ansteht oder ich eine Rückmeldung zu einer Entscheidung benötige, die ich dokumentieren möchte).

Den Kalender habe ich den ganzen Tag offen, damit ich mich bei den vielen Themen und Terminen daran orientieren kann.

Einen Medienbruch gehe ich bewusst ein: Meine „TOP 3“ sind auf Papier geschrieben und liegen immer gut sichtbar auf dem Schreibtisch.

Ausnahmen bestätigen die Regel!

TOOLTIPP

- Kalender als Haupttool nutzen (manche zeigen auch eine Aufgabenliste an)
- Eigenes Kanban-Board (sollte immer offen sein, damit keine Zettel zum Kanban dazukommen)

Behalte den Überblick

#Ziel: Wenn alles auf einmal kommt, nimm dir die Zeit zum Sortieren der Aufgaben.

Es gibt Tage, da kommt trotz guter Vorbereitung alles anders. Die Termine reihen sich aneinander und gleichzeitig bekommst du Nachrichten, dass du dringend wichtige Informationen zuarbeiten sollst. Parallel erreichen dich im Halbstundentakt neue Infos, die dein Projekt betreffen. Dazu noch ein privater Anruf, der ebenfalls dafür sorgt, dass dein Tag nicht wie geplant verläuft. Gerade wenn alles hektisch wird, solltest du die Ruhe bewahren. Das geht manchmal nur, wenn man sich kurz zurückzieht und seine Aufgaben ordnet. Wichtig ist aus meiner Sicht, dass du dir schnell einen Überblick verschaffst und nicht bis zur nächsten Lücke im Kalender wartest. Dann nämlich könnte es zu spät für wichtige Gespräche und Entscheidungen sein.

Wenn eine solche Situation eintritt, sage ich Termine ab, um mir diesen Überblick zu erarbeiten. Die Hauptfrage ist: Was liegt gerade alles auf meinem Tisch und welche Priorität hat es? Anschließend schaue ich, wie viel Zeit ich zur Bewältigung meiner Aufgaben zur Verfügung habe – eventuell hat der private Anruf meinen Tag deutlich verkürzt oder Einfluss auf die nächsten Tage. Erst danach gehe ich in die konkrete Planung und kläre im Detail, was als Erstes, Zweites, Drittes erledigt werden muss.

Die Sortierung und Priorisierung der Aufgaben findet sich kurze Zeit später auch im Kalender wieder. Wenn ich für die nächsten Schritte Termine umplanen muss, dann mache ich das sofort, damit alle Kollegen informiert sind. So können sie entscheiden, ob sie ein Meeting auch ohne mich durchführen oder es verschieben.

Manchmal muss ich auch so kurzfristig umdisponieren, dass ich die Kalenderorganisation nicht mehr schaffe. Dann informiere ich die Termin-Organisatoren kurz per Chat.

Anschließend kümmere ich mich um die neuen Aufgaben.

Wichtig: Ausnahmetage, an denen du aufgrund von Informationen, Hiobsbotschaften oder Ähnlichem komplett umplanen musst, kommen immer wieder mal vor. Also nicht in Hektik verfallen. Wenn du dein Projekt gut aufgesetzt und das Team mitgenommen hast, kommen die Mitarbeiter in der Regel auch einige Tage ohne dich aus und arbeiten ganz normal weiter.

Im Nachgang berichte ich dem Team, was passiert ist: Warum ich weg war, was ich gemacht habe und was es für das Projekt bedeutet. Diese Transparenz ist mir wichtig. Nur so versteht das Team, dass ich immer im Sinne des Projektes handle und mich nicht einfach vor der Arbeit drücke. Ja, ich schreibe meinen Mitarbeitern, dass ich etwas wirklich Dringendes erledigen muss – aber auch, dass ich später darüber berichten werde. Dem Team gebe ich in solchen Situationen auch immer Hinweise, wie es mich dennoch erreichen kann. Die Prioritäten können sich ja wieder ändern.

TOOLTIPP

- Digitales, persönliches Whiteboard (z. B. Miro, Microsoft Whiteboard, Conceptboard)
- Manchmal einfach nur Stift und Zettel oder Post-its

Strategiezeiten

#Ziel: Plane wöchentlich Zeiten für Dinge ein, die dich, deine Projekte und das Unternehmen voranbringen.

Strategiezeiten werden gerne vergessen und sorgen dann für Überstunden oder für Hektik, weil man bestimmte Dinge ganz schnell braucht, aber keine Zeit für deren Erarbeitung hat. Aber: Es sind genau diese Zeiten, die dich, dein Projekt und das Unternehmen langfristig voranbringen. Die Erfahrung zeigt: Ein Strategievormittag pro Woche ist besser als eine Woche strategische Planung und Erarbeitungen pro Jahr. Es geht um deine kontinuierliche Weiterentwicklung und die deiner Projekte. Hier einige Beispiele, was du an einem Strategievormittag angehen kannst:

- Projektstrategie für die nächste Phase prüfen und anpassen
- Rückschau halten und Erkenntnisse daraus in die nächsten Projektphasen einbringen
- Gespräche mit Projektmitarbeitern führen

- An Vorlagen und Standards arbeiten und sie im Intranet für alle zur Diskussion, Verbesserung und Information bereitstellen
- Sich ein Weiterbildungsthema vornehmen und das Thema auch für die Kollegen kurz und informativ aufbereiten
- Zu einem Projektthema recherchieren und die gefundenen Infos im Intranet dokumentieren
- Austausch mit Kollegen

Wenn ein Vormittag zu lang ist, so nimm dir zumindest eineinhalb bis zwei Stunden dafür. Sollte die Strategiezeit eine Woche mal ausfallen, weil dringendere Themen anstehen, so hast du dennoch an drei Wochen im Monat in diesem Sinne gearbeitet. Solche Routinen und festen Werte sorgen dafür, dass du langfristig erfolgreich bist und auch als wertvoller, weil wissenerarbeitender und wissentransportierender Projektmanager wahrgenommen wirst.

Der vierte Punkt „Vorlagen und Standards“ wird am meisten unterschätzt. Hier kann man im Alltag viel Zeit und Nerven einsparen (vergleiche die Kapitel „Vorlagen“ und „Strukturen für eine Grundordnung“). Diese bekommst du, indem du in der Strategiezeit deine Notizen durchgehst und schaust, was du dir aufgeschrieben hast, was hilfreich für dich wäre. Ein einseitiger Statusbericht im Corporate Design? Der Projektplan als standardisierte Vorlage für alle? Eine gut geschriebene Erinnerungs-E-Mail?

Zur Strategie gehört für mich auch der Austausch mit anderen Kollegen. Eventuell leistet ja mein Projekt einen Beitrag dazu oder ich kann dem Kollegen mit hilfreichen Informationen oder meinen Ergebnissen weiterhelfen. Bei anderen Terminen bekomme ich dann wieder von einem Kollegen wertvolle Hinweise für mein Projekt. In der Regel ist viel Wissen im Unternehmen vorhanden und wenn man weiß, wen man fragen kann, erleichtert das die Arbeit ungemein. In einem Strategietermin kannst du also nach und nach die bisherigen Projekte, Referenzen und Fachexperten kennenlernen, aber auch die Lösungen für bestimmte Probleme oder Fragestellungen erarbeiten. Mal hast du spannende Informationen für die Kollegen, mal haben sie solche Informationen für dich.

TOOLTIPP

- Sammle deine Themen, Fragen und Ideen in deinem Notiztool

Grenze der Arbeitszeit

#Ziel: Bewusst Feierabend machen, damit noch Raum für dich selbst, Freunde und Familie bleibt.

Nach zehn Stunden Arbeitszeit nimmt meine Arbeitsgeschwindigkeit signifikant ab. Die entsprechende Grenze im Arbeitszeitgesetz gibt es also nicht ohne Grund. Ich nehme an, dass du nicht nur für drei bis fünf Jahre in Projekten arbeiten möchtest, um die Branche dann zu verlassen. Deshalb nimm dir diesen Spruch zu Herzen:

Projektmanagement ist ein Marathon und kein Sprint.

Ich weiß, dass es abgedroschen ist, aber gerade Projektarbeit kann sehr fordernd sein. Viele Projektmanager gehen über ihre Grenzen und wechseln dann den Beruf, weil sie denken, er sei nicht kompatibel mit Familie und halbwegs geregelten Arbeitszeiten. Das stimmt aber so nicht.

Setze dir eine Grenze für deine Arbeitszeit. Bei mir sind es acht Stunden mit einer festen Zehn-Stunden-Grenze, so bin ich flexibel mit Start- und Endzeiten meiner Arbeitstage. Es gibt aber auch Tage, da muss ich pünktlich um 17 Uhr das Büro verlassen, damit ich zum Beispiel zum Training komme. Die Kollegen wissen inzwischen, dass ich mittwochs nur bis kurz vor 17 Uhr erreichbar bin. ;-)

Wenn du also eine Grenze setzt, sei es, weil du dich um Kinder kümmerst, weil dann Familienzeit oder Zeit für dein Hobby ist, dann kommuniziere das. Das bewirkt einerseits, dass dich die Kollegen nach einer gewissen Zeit nicht mehr nach 17 Uhr um etwas bitten. Andererseits sorgt das auch dafür, dass du auf diese tägliche Deadline hinarbeitest und noch richtig effizient in den letzten 30 Minuten wirst. Und dass du dann auch wirklich Feierabend machst.

Das führt wiederum dazu, dass du die Arbeit nicht so stark in deine Freizeit eindringen lässt. Damit regenerierst du besser. Es gibt sicher Tage, an denen denke ich auch nach Feierabend noch über das eine oder andere Thema nach. Das ist aber kein Vergleich zu den Zeiten, als ich gearbeitet habe, bis die To-do-Liste sich geleert hatte. Alles in meinem Kopf drehte sich damals um die Arbeit. Negativer Effekt: In dieser Zeit waren meine Kreativität und meine Neugier, neue Dinge auszuprobieren deutlich reduziert, da ich im wahrsten Sinne des Wortes „keinen Kopf dafür hatte“. Es gab schlicht keinen Platz für neue Ideen oder neues Wissen. Und das ist etwas, was mir sehr wichtig ist: Neue Ideen und neues Wissen aufzunehmen, zu adaptieren und in meine Projekte einzubringen.

Familie, Freunde und Training sind mir wichtig und dafür lasse ich auch den Stift fallen. Deshalb hier noch einmal der Appell an dich: Setze dir eine persönliche Grenze.

Visualisierung

#Ziel: Dein erledigtes Tagespensum sehen können.

Manchmal hat man das Gefühl, rein gar nichts geschafft zu haben. Um diesem Eindruck zu entgehen, kannst du eine Liste führen, auf der du notierst, was an diesem Tag gut gelaufen ist. Dies ist ein weiterer Grund, warum ich meine „TOP 3" mit Wochenübersicht auf Papier führe. Ich hake darauf die erledigten TOPs ab und schreibe mir auch mal weitere wichtige Aufgaben dazu, die ich abhaken kann. Der Kalender zeigt mir zwar auch meine Termine und Aufgaben, dort kann ich sie aber nicht abhaken.

Eine weitere Möglichkeit ist die Aufgabenauswertung in deinem CRM/Aufgabentool, die dir einen Überblick über deine Leistungen geben kann. Oder du führst eine Kanban-Tafel. Sie ist ein beliebtes Tool zur Organisation von Teamaufgaben, aber du kannst damit auch deine Fortschritte dokumentieren.

Schau, was für dich passt und was dich zufrieden deinen Arbeitstag beenden lässt. Da wir als Projektmanager fast ausschließlich am Notebook arbeiten, sind unsere Arbeitsergebnisse nicht immer so sichtbar wie das bei einem Handwerker der Fall ist. Deshalb hilft mir diese Miniübersicht und meine Einstellung zu den „TOP 3“: Wenn die erledigt sind, war mein Tag erfolgreich. Und das kann ich sehr gut auf dem Blatt mit den abgehakten TOPs sehen.

Noch ein weiterführender Gedanke:

Was für Projektmanager als Einzelperson gilt, gilt erst recht für das Team. Auch hier ist die Visualisierung der Arbeitsleistung für die Zufriedenheit wichtig. Wenn das Team eine Funktion baut und man das Ergebnis sehen kann, ist das toll und eine schöne Belohnung. Es gibt aber auch viele Arbeiten, die im Kernmodul oder in der Architektur einer Software stattfinden und deren Arbeitsumfang der Nutzer oder andere Stakeholder nicht am sichtbaren Ergebnis ablesen können. Da sind teilweise aufwändige, knifflige und komplexe Probleme gelöst worden, die man nur anhand der Userstories des Teams ablesen kann. Sich das anhand der erledigten Userstories noch einmal anzuschauen und sich beim Team für die Gemeinschaftsleistung zu bedanken, ist wichtig. Außerdem kann der Projektmanager dieses Wissen als Projektmarketing nach außen tragen.

TOOLTIPP

- Dein Kanban-Board/Team-Kanban-Board

Smalltalk

#Ziel: Neuigkeiten erfahren und Aufgaben „nebenbei" erledigen.

Die Tipps und Tricks, die du in diesem Buch findest, dienen nicht nur dazu, dass du pünktlich Feierabend machst. Vielmehr sind sie auch dafür da, dass du Zeit gewinnst, um für dein Team da zu sein. Wenn du nie ansprechbar bist, entgehen dir wertvolle Informationen.

Smalltalk spart deshalb viel Zeit.

Wenn du dir Zeit nimmst, um mit Kollegen oder deinem Team mal einen Kaffee zu trinken, nimmst du die Stimmung im Team wahr, erfährst von weiteren Themen oder Technologien im Unternehmen und baust Netzwerke auf. Teilweise kannst du dabei auch Arbeitsaufgaben klären, weil du einen Kollegen triffst, der dir genau die Antwort liefert, die du für weitere Aufgaben benötigst.

Smalltalk baut Beziehungen und Vertrauen auf. Du wirst dadurch nahbarer, weil du deinen Mitarbeitern zeigst, dass sie dir wichtig sind. Außerdem tut es gut, einfach mal mit den anderen im Team zu lachen oder selbst einen Kalauer zur Unterhaltung beizutragen.

Du siehst: Allein durch die vielen Informationen und die Beziehung, die du zum Team aufbaust, hat sich die Zeit dafür mehr als gelohnt. So kann Smalltalk die Arbeitszeit für das Projekt insgesamt verringern. Je früher du über bestimmte Aktivitäten Bescheid weißt (Stichwort: Flurfunk), desto früher kannst du reagieren. Meist reicht dann ein kurzes Gespräch, um Irritationen zu beseitigen.

In der Regel spricht man auch über aktuelle Situationen im Projekt oder an welcher Aufgabe man gerade festhängt. Einerseits komme ich allein durch das Reden darüber schon auf die Lösung. Andererseits weiß sehr oft ein Kollege etwas, das mich der Lösung näherbringt. Mal sind es direkte und passende Informationen aus seinem Projekt, mal ist es ein Ansprechpartner.

Weiterhin kann ich mein Netzwerk, das sich durch Smalltalk gut und vertrauensvoll aufgebaut hat, in kritischen Situationen nutzen. Mit diesem Netzwerk brauche ich bei Problemen nur einige Anrufe oder Chatnachrichten und schon helfen mir die Kollegen und wir lösen das Problem gemeinsam. Ich revanchiere mich natürlich dafür und helfe ebenfalls, wenn ich angefragt werde.

Ein Hinweis für die Menschen, die denken, dass ihnen Smalltalk schwerfällt: Unter Kollegen und in einer kleinen Gruppe ist es für die meisten einfach, ein lockeres Gespräch zu führen.

In der Kaffeeküche trifft man in der Regel immer auf Kollegen – das ideale Trainingsfeld für Soft Skills wie Smalltalk. Wenn ich jemanden nicht kenne, stelle ich mich mit zwei Sätzen vor und frage dann: „Wir sind uns bisher noch nicht begegnet, wer bist du und was machst du?“

TOOLTIPP

- Die Kaffeemaschine in der Kaffeeküche ;-)
- In längeren Homeoffice-Phasen: ein virtuelles Kaffeemeeting

MINITIPPS FÜR DEN ALLTAG

Terminvereinbarungstipp I - Datum

#Ziel: Genaue Absprache, um Missverständnisse zu vermeiden.

Als Projektmanager, aber auch als normaler Mitarbeiter, sollte man nicht nur Projekttermine managen, sondern auch professionell Termine vereinbaren können. Einmal ins Terminchaos stürzen und sich dann wieder freischwimmen: Das kann man machen, muss man aber nicht.

Hier ein Tipp, der eine unglaublich absichernde Wirkung hat:

Typische Situation in Telefonaten oder Videokonferenzen:

„Wann wollen wir uns dazu abstimmen?“

„Nächsten Dienstag.“

Der nächste Dienstag kann nun zweierlei bedeuten:

- Der kommende Dienstag (also der erste Dienstag, der auf das heutige Datum folgt)

- Der übernächste Dienstag (also nicht den ersten kommenden Dienstag, sondern erst den darauffolgenden)

Daher nenne ich am Telefon immer schon das genaue Datum. Und allerspätestens in einer kurzen Mail als Terminbestätigung schreibe ich:

„Schön, dass wir das Thema am kommenden Dienstag, 12.10.2021, um 10.30 Uhr besprechen."

Damit ist eindeutig klar, welcher Dienstag gemeint ist. Und der Empfänger kann prüfen, ob er den gleichen Tag gemeint hat. Alternativ versendest du direkt die Termineinladung. Dann steht der Termin gleich an der richtigen Stelle im Kalender.

Terminvereinbarungstipp II - Ort

#Ziel: Genaue Ortsangabe im Termin, damit alle rechtzeitig im richtigen Meetingraum sind.

Nicht erst seit der Corona-Pandemie ist es wichtig zu wissen, wo wir uns treffen. Konnte man vor der Corona-Zeit schnell mal im Büro des Kollegen vorbeischauen und fragen: „Wo treffen wir uns eigentlich?", geht das im Homeoffice nicht mehr so einfach.

Daher schaue ich immer vor Versand des Termins, ob auch ein Ort im Termin eingetragen ist:

- Raum 123
- Lounge
- Meeting-ID für Videocall
- Per Telefon

Bei der Variante „per Telefon" noch ein Extra-Tipp:

Schreib dazu, wer wen anruft, zum Beispiel: „Saskia Hablasch meldet sich unter der Nummer 123." Sonst warten beide

Gesprächspartner auf den Anruf und der Termin fällt eventuell aus oder verkürzt sich unnötig. Manchmal hilft es, nachzufragen, auf welcher Nummer der andere am besten angerufen werden will. Viele bevorzugen den Festnetzanschluss, manchmal ist es aber auch die Mobilnummer.

PRO-TIPP ZUM UMGANG MIT MEETINGLINKS

Gerade bei virtuellen Meetings senden einige Organisatoren den Link kurzfristig an alle. Die Frage ist aber, ob alle Teilnehmer wirklich diesen Kommunikationskanal wahrnehmen, in dem der Link verschickt wird (per E-Mail oder Kalenderaktualisierung oder doch in einem der vielen persönlichen oder Gruppen-Chats?). Wo schaut man in Eile hin, wenn man einen Termin hat? In seinen Kalender! Und nicht in E-Mails oder Chattools. Daher schaue ich immer vor Versand des Termins, ob der Meetinglink schon beim Einstellen an der richtigen Stelle eingetragen ist.

Auch das macht einen hervorragenden Projektmanager oder Kollegen aus: Er füllt die Termineinladungen vollständig aus, sodass man als Teilnehmer auf einen Blick erfassen kann: Wann? Wo? Was? Mit wem?

Terminvereinbarungstipp III - Sofort

#Ziel: Tu es sofort, damit es nicht untergeht.

Wenn jemand mit mir telefonisch oder per Chat Termine abspricht, versuche ich diese sofort in den Kalender einzutragen. Das Gedächtnis ist hier nämlich nicht immer der beste Freund.

So ging es mir vor einigen Wochen: Ich wurde telefonisch für den Freitag angefragt und schaute in meinen Kalender. Der Freitag war komplett frei. Das fand ich schon komisch. Auch das Datum kam mir irgendwie seltsam vor. Gefühl weggeschoben, Termin eingetragen, Gespräch gut gelaunt beendet.

Es vergingen keine zwei Minuten, da merkte ich, dass ich an diesem Tag bereits verabredet war. Aber ich hatte den Termin nicht eingetragen, weil ich dachte, dass ich so einen (für mich) wichtigen Termin nicht vergessen würde. Tja, hat wohl nicht geklappt.

Daher mein Tipp III für Terminvereinbarungen: Termine

immer SOFORT in den Kalender eintragen – und zwar berufliche wie private. Der abgesprochene und somit auch versprochene Zeitslot ist reserviert und du kannst den Termin nicht vergessen.

Es dauert 30 Sekunden, den Termin einzutragen. Diese 30 Sekunden ersparen dir im Nachgang stundenlange Klärungen aufgrund von Doppelbuchungen (gegebenenfalls sogar mit mehreren Kunden).

Das Wichtigste zuerst

#Ziel: Das Wichtigste als Allererstes erledigen.

Dieser Grundsatz ist Gold wert. Für Projektmanager, für Führungskräfte, für jeden – beruflich wie privat. Ich lebe diesen Grundsatz nun schon mehrere Jahre und er funktioniert großartig. Brian Tracy hat dazu den Spruch geprägt: „The biggest frog at first."

Warum schreibe ich das?

An einem Tag kann sehr viel passieren – im positiven wie im negativen Sinn. Wenn du also heute etwas wirklich erledigen möchtest, weil es für dich oder das Projekt oder deinen Vorgesetzten sehr wichtig ist, dann mach es zu deiner ersten Aufgabe am Tag. Du musst dafür nicht zwingend früher anfangen. Du solltest aber nach dem obligatorischen Weg zur Kaffeemaschine nichts anderes anfangen und damit meine ich die üblichen Verdächtigen, die einen von dieser wichtigsten Aufgabe des Tages gern abbringen: E-Mails, Kalender, etc. Das ist das, was die meisten diese wichtige Zeit morgens „vertrödeln" lässt, noch vor den Kollegen und dem ersten Meeting, das die nächste Ablenkung bietet.

Morgens hast du die meiste Konzentration und Kraft und damit ist die wichtigste Aufgabe des Tages in der Regel in der Hälfte der Zeit erledigt und in besserer Qualität als im Tagesverlauf.

Schiebst du die Aufgabe auf das „ruhige Ende" des Tages, kollidiert das möglicherweise mit privaten Terminen oder familiären Verpflichtungen. Deshalb erledige ich die wichtigste Aufgabe gleich morgens als Erstes – auch wenn es manchmal etwas Überwindung kostet. Aber ich denke dann immer daran, dass mich diese Aufgabe nach getaner Arbeit nicht mehr stresst. Was weg ist, ist weg!

Kalender, E-Mails, Chatnachrichten, ein kleiner Plausch mit Kollegen – das kommt alles erst danach und gerade der Austausch mit den Kollegen ist meine Belohnung dafür, dass ich heute schon das Wichtigste erledigt habe.

Dateien prüfen

#Ziel: Arbeitsfähig sein zu deiner bevorzugten Arbeitszeit.

Wie oft habe ich mich schon geärgert, wenn ich in Randzeiten in Ruhe meine Aufgaben abarbeiten wollte und mir der Zugriff auf eine Datei fehlte. 😖 Dieses Emoticon beschreibt meine Reaktion darauf ziemlich gut.

Daher mein Tipp, der mir das Arbeitsleben massiv erleichtert hat:

Sobald eine Aufgabe per Mail oder Chat bei mir eingeht, die einen Link enthält, prüfe ich sofort (!), ob ich Zugriff auf den Link habe. Das gilt auch für die Bearbeitungsrechte für den Ordner oder die Intranetseite – denn Lese- und Schreibrechte sind immer dann getrennt eingerichtet, wenn ich es gerade nicht gebrauchen kann. Also wirklich prüfen, ob du nicht nur Leserechte hast, sondern auch wirklich die Dateien oder Seiten bearbeiten kannst.

Sind alle Rechte da, ist alles gut und ich plane die Aufgabe ein. Wenn nicht, kann ich sofort antworten, dass mir der Zugriff fehlt und der Empfänger kann sich rechtzeitig darum kümmern, mir die notwendigen Rechte zu geben. Auf beiden Seiten sorgt dieser kleine Check für deutlich weniger Stress und eine termingerechte Aufgabenerledigung. Insbesondere bei Projekten mit hohem Termindruck ist dieser Tipp Gold wert.

Schnelle Rückmeldungen bekommen

#Ziel: Als Projektmanager/Mitarbeiter schnelle Rückmeldungen bekommen.

Damit ich nicht nur eine schnelle, sondern auch die richtige Rückmeldung bekomme, sind meine E-Mails „leserfreundlich“ aufgebaut. Insbesondere wenn der Empfänger unzählige Themen am Tag bearbeitet, benötigt er als Erstes die wichtigsten Informationen zur Sache.

Das bedeutet: Frage stellen, danach schildern, was benötigt wird und warum.

Ich habe für mich folgende E-Mail-Regeln aufgestellt:

1. Aussagekräftigen Betreff mit Schlüsselwörtern wählen, die man im E-Mail-Programm gut suchen kann, falls die E-Mail doch mal untergeht
2. Wenn es viele Projekte gibt: Projektnamen oder Kundennamen ganz am Anfang des Betreffs angeben
3. Hauptfrage gleich im ersten Absatz der E-Mail stellen,

damit der Empfänger sofort weiß, was er zuliefern oder entscheiden soll

4. Die Informationen kurz und übersichtlich aufführen, die für die Beantwortung der Frage oder die Zulieferung wichtig sind
5. Bei E-Mails an Personen außerhalb des Unternehmens die Signatur mit den Kontaktdaten mitsenden
6. Last but not least: Manches lässt sich per Telefon schneller klären

Die Punkte 2 bis 4 lassen sich auch auf die Kommunikation per Chat übertragen.

PRO-TIPP: FÜR WIRKLICH SCHNELLE RÜCKMELDUNGEN

Falls ich eine unmittelbare Rückmeldung benötige, schreibe ich das in die Betreffzeile. Das sieht dann meist so aus:

- „Dringend kurze Rückmeldung benötigt: <Thema>“
- Alternativ: „Terminsache (bis tt.mm.): <Thema>“

Wichtig ist, dass wirklich nur dann einzusetzen, wenn du wirklich eine dringende Rückmeldung brauchst. Dein Gegenüber soll wissen, dass es „brennt“, also dringend ist – und du ihm nicht jeden Tag eine solche E-Mail schickst. Sonst kann es passieren, dass du als „Drängler“ eingestuft und recht schnell ausgebremst wirst.

Terminserien

#Ziel: Damit eine Terminserie nicht plötzlich endet oder alle auf Jahre hinaus blockt.

Damit Terminserien nicht plötzlich aus dem Kalender verschwinden oder – schlimmer noch – bis 2032 eingetragen sind, lege ich die Serie für drei bis sechs Monate an. So kann ich besser nachsteuern und blockiere die Kalender nicht für die nächsten Jahre. Weiterhin trage ich mir in die Beschreibung des Termins folgenden Text als Merker für mich und alle anderen Teilnehmer ein: „Terminserie bis einschließlich 30.06.“. Dann habe ich das Ende der Terminserie immer im Blick und stelle rechtzeitig die Folgeterminserie ein.

PRO-TIPP

Lass eine Terminserie nie am 31.12. enden. Da sind die meisten Kollegen – wie du wahrscheinlich auch – im Urlaub. Davor sind alle im Weihnachtsvorbereitungsstress und in dieser Zeit hat man selten die Geduld zu prüfen, ob alle Terminserien auch im neuen Jahr noch vorhanden sind. Besser ist es, die Terminserien bis 30.11. oder 31.01. laufen zu lassen – also deutlich vor oder nach den Jahreswechsel zu legen.

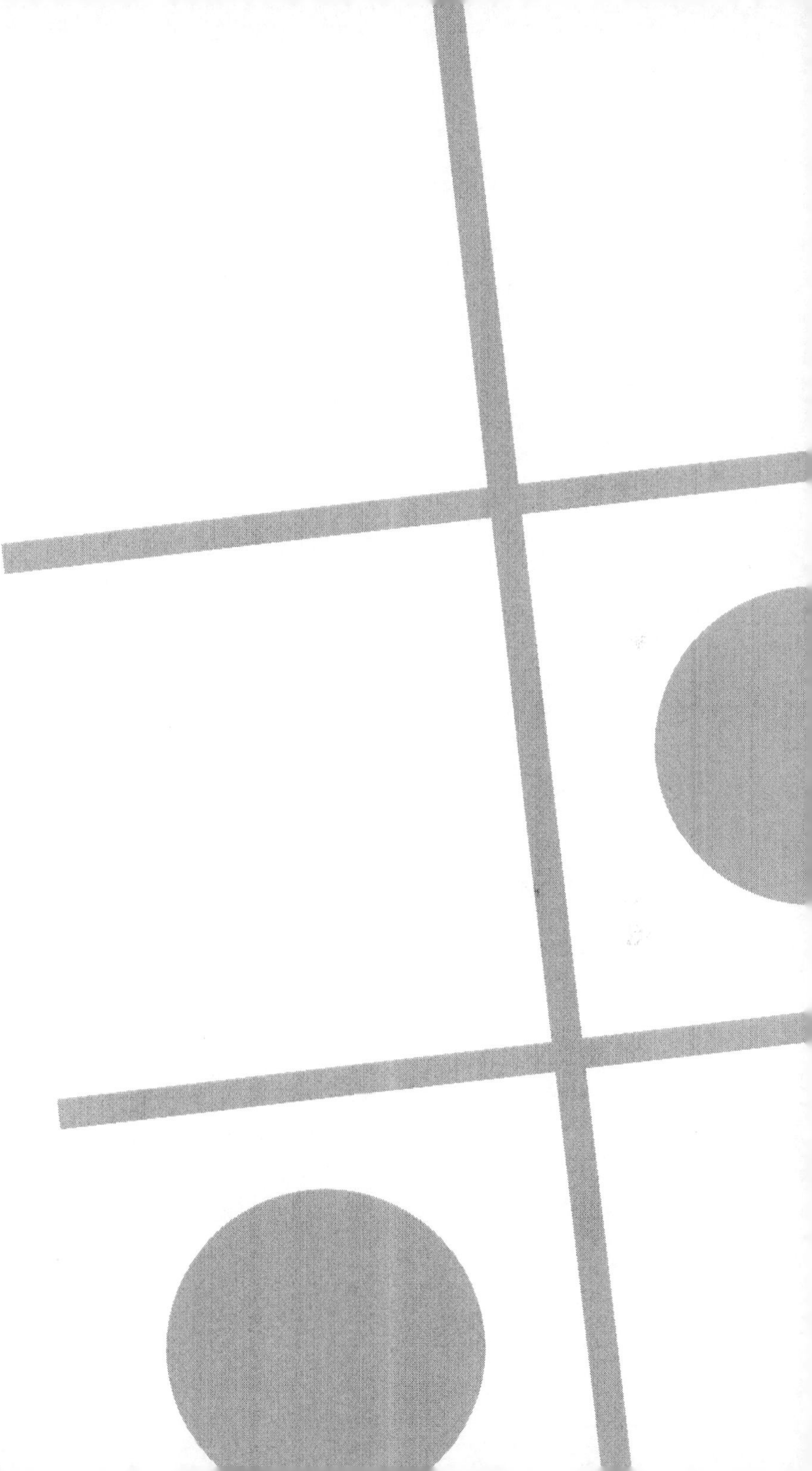

TIPPS CLEVER KOMBINIERT

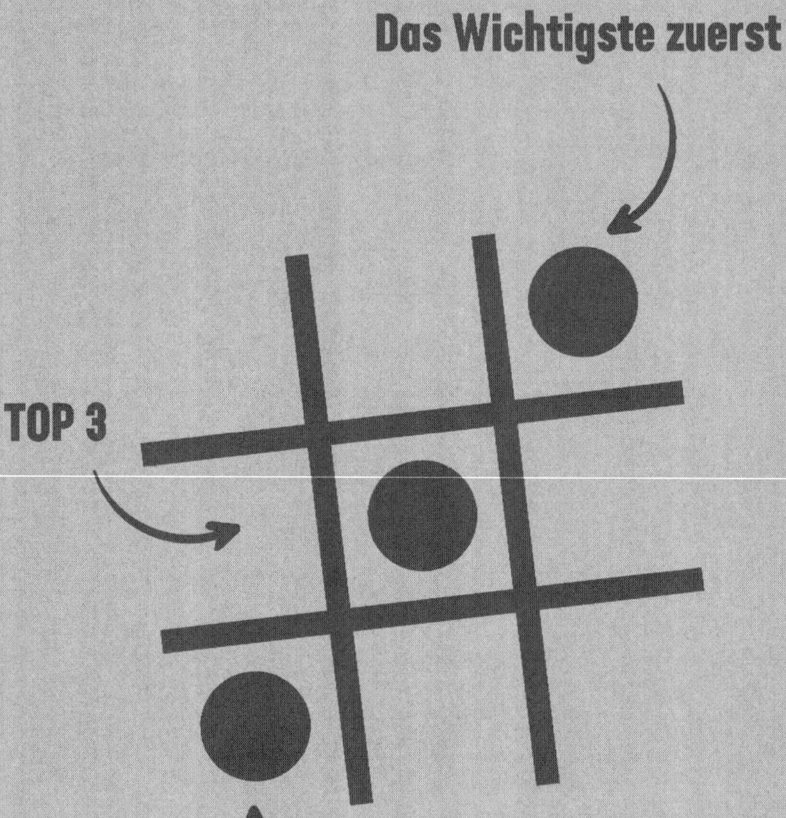

Das Wichtigste zuerst
TOP 3
Der 75-Prozent-Tag

Tagesproduktivitäts-Kombi

Für eine sehr gute, realistische und produktive Tagesplanung nutze ich die Kombination aus „TOP 3“, „das Wichtigste zuerst“, und „der 75-Prozent-Tag“.

Die Kunst ist hier, jeden Tag so zu planen, dass du deine wichtigsten drei Aufgaben kennst (die „TOP 3“) und dass dein Tag noch ausreichend Lücken enthält („der 75-Prozent-Tag“). Das gilt es, wirklich konsequent und gezielt umzusetzen.

Ich fange in der Regel morgens mit der für mich schwersten oder unangenehmsten Aufgabe aus den „TOP 3“ an – so wie Brian Tracy das in seinem Buch „Eat that frog“ sehr gut dargestellt hat. Er nennt es: „Eat the biggest frog at first.“ Damit meint er genau das – die unangenehmste oder schwierigste Aufgabe wird gleich zu Beginn erledigt. Es fühlt sich auch gut an, wenn diese Aufgabe weg ist und der Kopf ist frei für alle weiteren Themen. Diesen positiven Schwung nehme ich dann für den ganzen Tag mit.

Oft sind es Aufgaben, die einen maßgeblichen Einfluss auf ein Projekt haben. Gelegentlich sind es aber auch Aufgaben, vor denen ich mich schon ein paar Tage drücke und nun drücken die Aufgaben mich, weil die Zeit drängt. Manchmal ist es nur ein Anruf, manchmal aber auch eine größere Aufgabe wie eine Planung. Idealerweise liest du morgens keine E-Mails, sondern startest direkt mit dieser Aufgabe, sodass dein normaler Arbeitstag erst danach beginnt.

Anschließend kommt der nächste Teil der Kombination zum Tragen: Ich versuche meine „TOP 3“ bis mittags erledigt zu haben, damit ich den Nachmittag als Puffer habe. Das ist bei vielen Meetings nicht einfach, aber ich peile das immer an. Falls ich nur eine Aufgabe am Vormittag schaffe, muss ich mich am Nachmittag deutlich stärker auf die beiden anderen Aufgaben fokussieren.

Da ich darauf achte, dass ich möglichst nicht in nahtlos ineinander übergehenden Meetings verplant bin, habe ich am Nachmittag meist auch noch die Luft für die „TOP 3“. Ich halte mich dann aber auch ran, da im Laufe des Tages auch noch andere Themen reinkommen können, die bearbeitet werden müssen. Es ist also deutlich schwieriger, die „TOP 3“ noch am Nachmittag zu erledigen, als wenn ich zwei oder alle drei gleich am Vormittag geschafft habe.

Übrigens: Ich habe immer sehr viele Aufgaben auf meiner To-do-Liste. Alles, was ich zusätzlich schaffe, ist für mich die Kür. Zuerst bearbeite ich aber während jeder Lücke oder in jeder stillen Stunde meine „TOP 3“.

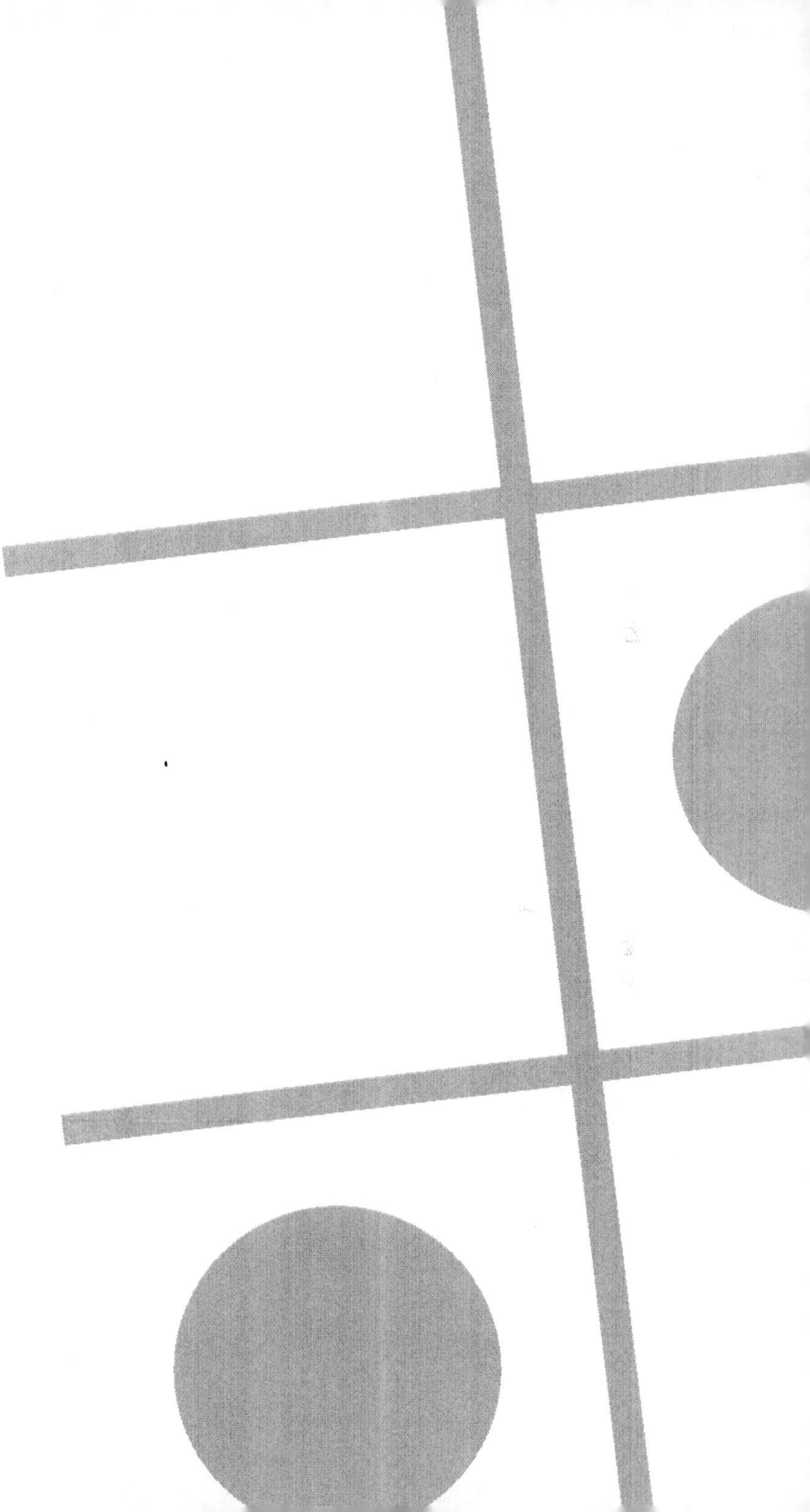

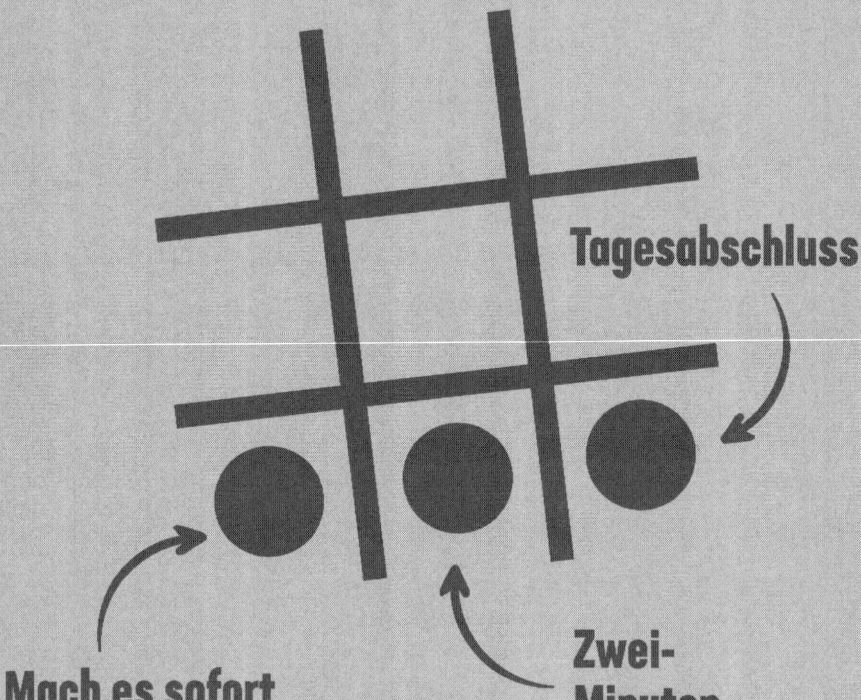
Tagesabschluss
Mach es sofort
Zwei-
Minuten-
Regel

Wirklich-fertig-werden-Kombi

Damit ich möglichst viele Aufgaben an einem Tag abschließen kann, nutze ich eine Kombination aus mehreren Routinen: Die „Alles digital“, „In Time“ und den „Tagesabschluss“.

Diese Kombination besteht im Grunde aus zwei Teilen. Teil 1 ist das sofortige Erledigen von Kleinigkeiten und Teil 2 ist das Vervollständigen von fast fertigen Aufgaben am Ende des Arbeitstages, damit diese auch wirklich abgeschlossen sind.

Teil 1

Die Kunst ist hier, gar nicht erst eine Zusatz-To-do-Liste entstehen zu lassen, sondern die kleinen Aufgaben, die man im Meeting oder am Telefon bekommt, gleich zu erledigen. Manchmal fehlen ja nur 30 Sekunden oder mal zwei Minuten. Alles, was du sofort wirklich vollständig fertigstellst, musst du dir nicht merken, kannst du nicht vergessen und die anderen (Kunden, Kollegen) sind positiv beeindruckt von deiner schnellen Bearbeitung (Stichwort: Serviceorientierung und gute Zusammenarbeit).

Stell dir vor, ihr besprecht, dass du dem Kollegen noch das Protokoll zusendest. Wenn du das nicht zügig erledigst (Protokolle sollten idealerweise noch am gleichen Tag versandt werden), dann kann dein Kollege nicht rechtzeitig mit seiner Aufgabe anfangen. Im schlimmsten Fall gibst du ihm wegen einer sehr späten Zusendung nur noch einen Tag Zeit und genau an diesem Tag hat der Kollege schon einen anderen Auftrag.

Es geht aber nicht nur um Protokolle, sondern auch um Kleinigkeiten, die wichtig sind. Wenn ich versprochen habe, Klaus zu fragen, ob er zu einem bestimmten Thema über Informationen verfügt, mache ich das idealerweise noch während des Meetings, indem ich Klaus eine Chatnachricht sende. Wenn es richtig gut läuft, bekomme ich noch während des Meetings eine Rückmeldung von Klaus. Das Sprichwort „Was du heute kannst besorgen, das verschiebe nicht auf morgen“ müsste ich eigentlich umdichten in

„Was du sofort kannst besorgen,
macht dir später keine Sorgen“.

Um dir hier ein wenig Druck zu nehmen: Du kannst immer zu Kollegen sagen: Bitte gebt mir noch einen Moment Zeit, damit ich das aufschreiben/fertig machen kann (30 Sekunden dürfen dann auch zu einer Minute werden). Hauptsache, du kannst die Sache direkt erledigen und somit abschließen.

Übrigens gilt das für viele Kleinigkeiten im Arbeitsalltag:

- Datei am richtigen Ort abspeichern
- „Ich schreibe ihm eine E-Mail“ -> gleich eine Mail öffnen und die Frage, die man eben besprochen hat, sofort reinschreiben (Anrede und Gruß kannst du direkt nach dem Gespräch ergänzen)
- Informationen recherchieren, wenn es sich in ein oder zwei Minuten erledigen lässt (oder jemand anderen fragen, ob er das parallel machen kann)
- Eine Intranetseite im Confluence/Sharepoint anlegen

Teil 2

Manche Dinge kann man natürlich nicht so schnell nebenbei erledigen wie eine Chatnachricht zu verfassen. Hier greift dann der zweite Teil der Kombination.

Vor Feierabend nimmst du dir noch mal 15 bis 20 Minuten Zeit, um alle offenen Aufgaben abzuhaken. Heißt: Alles, was du im Laufe des Tages nicht abarbeiten konntest, nimmst du dir vor dem Feierabend vor. Je konsequenter du Teil 1 anwendest, desto weniger musst du vor dem Feierabend erledigen.

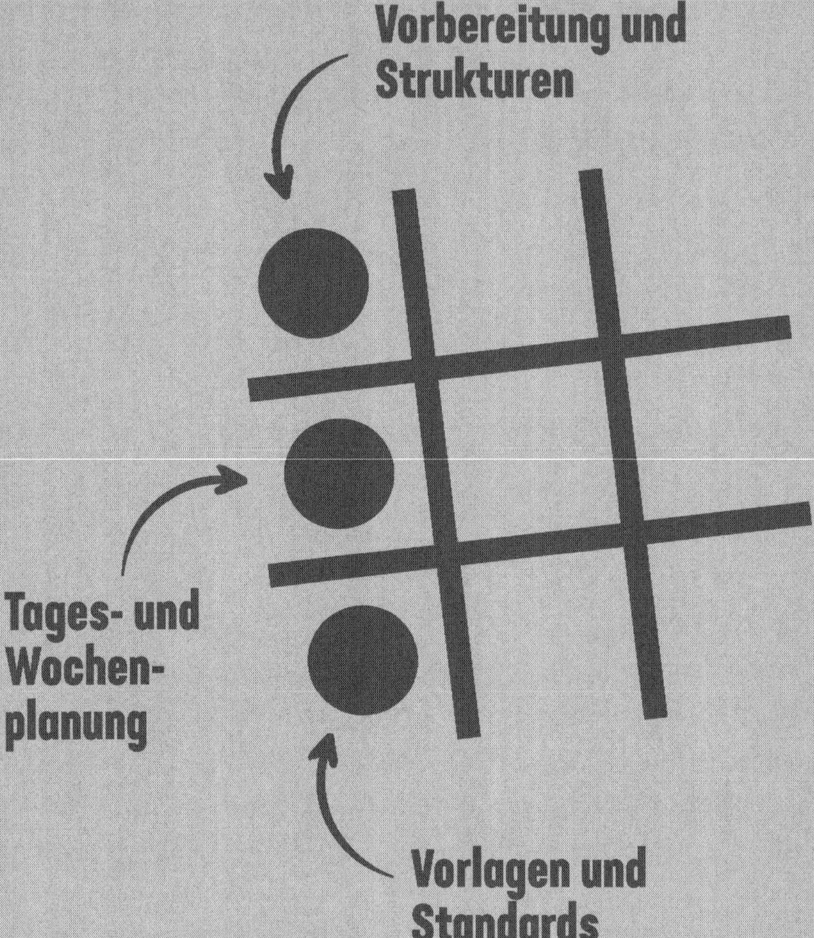
Vorbereitung und Strukturen
Tages- und Wochen-planung
Vorlagen und Standards

Ultimative Vorbereitungs-Kombi

Ich liebe es, schnell etwas fertig zu haben oder „aus dem Hut zu zaubern“. Dafür braucht es gute Vorbereitung, aktives Zuhören, Gedanken zur Struktur und Vorlagen. Im Grunde kannst du mehr vorbereiten als du auf den ersten Blick denkst. Dann darf es auch mal einen Ausnahmetag mit Meeting an Meeting geben, denn du bist ja vorbereitet.

Grundsätzliche Terminvorbereitung

Meine Termine im Kalender schaue ich mir bereits einige Tage vorher an. So weiß ich, ob ich dazu schon Informationen gesehen oder abgelegt habe. Manchmal treffe ich zufällig auf einen Kollegen auf dem Flur, der genau dazu einen guten Tipp hat. Das klappt allerdings nur, wenn ich meine Termine und Themen für die nächsten Tage im Kopf habe und mich quasi schon darauf vorbereite. Nur dann kann ich viele dieser glücklichen Zufälle effektiv nutzen.

Meetings

Diese Kombination kann ich für Meetings aller Art einsetzen. In Projektmeetings nutze ich Standardagenden, die ich anpasse und direkt in die Beschreibung eintrage, wenn ich den Termin einstelle. So steht die Agenda immer als Gedächtnisstütze im Termin. Die Details für den Termin bereite ich fast immer am Vortag vor (mindestens einen halben Tag vorher, da meist die ein oder andere Nachfrage nötig ist). Zu den Details gehören für mich, dass ich aufschreibe, was ich mitteilen möchte. Ich suche mir meist auch die Links heraus, die ich dann zeigen möchte, damit ich diese kurz vor dem Meeting aufrufen kann. Weiterhin kläre ich offene Punkte, damit ich entweder zu allen Punkten aussagefähig bin oder die konkrete Frage parat habe. Sollten bis dahin weitere Themen aufkommen, schreibe ich diese mit in das Protokoll bzw. meine Vorbereitungsnotizen. Wenn es für das Meeting ein Protokoll geben soll, bereite ich das ebenfalls vor und habe die Datei offen, sobald das Meeting startet.

Falls Folgemeetings notwendig sind, hat es sich bewährt, aktiv zuzuhören und mitzuschreiben – egal, ob ich die Projektmanagerin oder nur Teilnehmerin bin. Es sollte klar sein, welche Fragen oder Punkte noch offen sind und im Folgemeeting besprochen werden sollen. Deshalb trage ich genau diese Punkte in den Folgetermin ein und bitte die Kollegen um entsprechende Vorbereitung – eventuell mit konkreter Zeitvorgabe für die einzelnen Agendapunkte. Wenn es zeitlich enger wird oder das erste Meeting deshalb überzogen wurde, weil die Teilnehmer weder fokussiert noch vorbereitet waren, gibt es auch vorgegebene Zeitfenster. Sobald jemand für ein Thema nur 5 oder 10 Minuten Zeit hat, bereitet er sich mit deutlich höherer Wahrscheinlichkeit vor, kommt wirklich zum inhaltlichen Kern und fängt nicht erst im Termin an, darüber nachzudenken.

Telefonate

Vor jedem Telefonat, aber auch vor jedem Meeting, mache ich mir bewusst, welche Informationen genau ich brauche. Manchmal kommen ja noch Themen auf, die ich zusätzlich im Meeting platzieren möchte. Wichtig ist mir, dass ich aus jedem Meeting, an dem ich teilnehme, auch wirklich etwas für meine Projekte herausziehen oder bewirken kann.

PRO-TIPP

Ich habe in OneNote eine Liste mit den Themen, auf die ich bei Gelegenheit bestimmte Personen, zum Beispiel meinen Vorgesetzten oder einen Productowner, ansprechen möchte. Nichts Dringendes, sonst würde ich ja direkt anrufen, aber so, dass ich die nächste Gelegenheit dafür nutzen möchte. Wenn sich nun derjenige zufällig bei mir meldet, kann ich immer sagen: „Du, wo wir gerade miteinander sprechen, ich hab da noch eine Frage." In der Regel schmunzeln die Kollegen und ich darf mein Thema platzieren, denn sie wollen ja auch was von mir. Ich nutze also das Gespräch, um auch mein Thema voranzubringen.

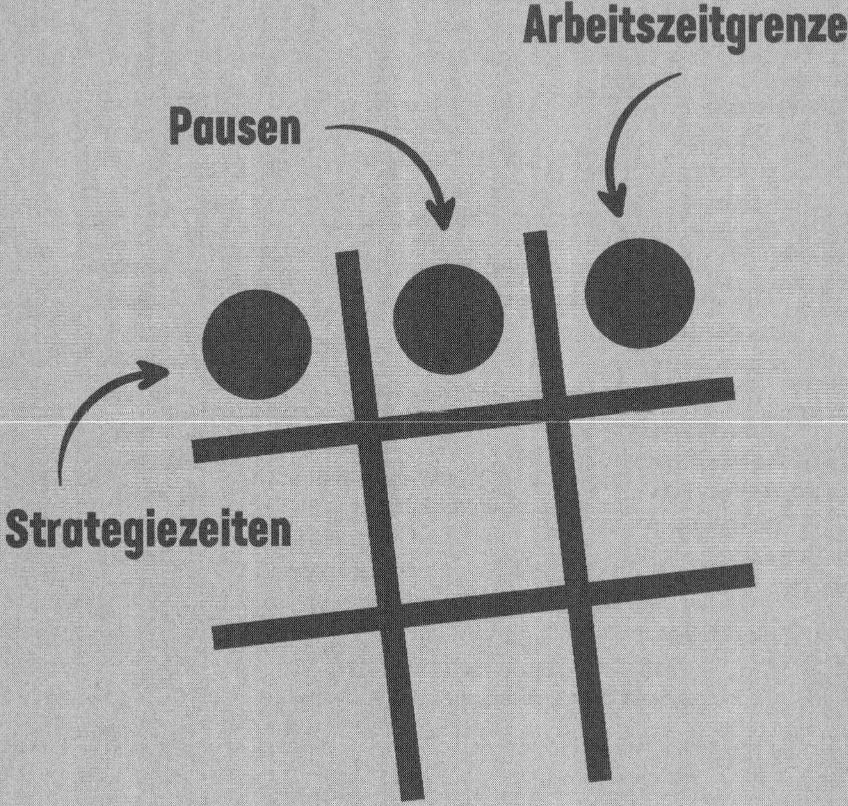
Arbeitszeitgrenze
Pausen
Strategiezeiten

Pausen-Kreativitäts-Kombi

Das Buch ist voller Produktivitäts- und Effizienztipps, und darüber vergisst man oft die wichtigsten Voraussetzungen für erfolgreiches Arbeiten: Pausen, Arbeitszeitgrenze und Zeit für Kreativität!

Alle Tipps funktionieren besser, wenn du über ausreichend Energie und Konzentration verfügst. Wenn du müde bist, weil du am Abend vorher bis weit in die Nacht gearbeitet hast, dann bist du am nächsten Tag oft deutlich langsamer. Das liegt nicht an den Tipps, sondern daran, dass du eine Pause brauchst.

Pausen lassen sich im Kleinen und im Großen in den Tag einbauen. Man muss es aber auch wirklich wollen. Dieses Thema ist für mich eines der schwierigsten, da ich recht lange produktiv arbeiten kann und gern mal eine Pause auslasse oder verschiebe. Ich weiß aber um die positive Wirkung von Pausen und einer Arbeitszeitbegrenzung und achte deshalb seit einiger Zeit wieder verstärkt darauf. Beides sorgt dafür, dass meine Leistungsfähigkeit und Kreativität langfristig auf einem sehr hohen Niveau erhalten bleiben.

Kommen wir zu den Pausen. Es gibt manchmal Themen, da quält man sich am Schreibtisch und kommt keinen Millimeter vorwärts. Hier hilft mir eine Minipause. Einfach mal weg vom Rechner und sich einen neuen Tee zubereiten. Das kostet nur wenige Minuten, aber es ist eine Miniauszeit. Wenn das noch nicht hilft, um Abstand und somit einen neuen Ansatzpunkt für das Thema zu bekommen, versuche ich es mit einem Ortswechsel. Ich habe festgestellt, dass der Schreibtisch der denkbar ungünstigste Ort für mich ist, um kreative Lösungen (Projektpläne, Workshopagenden etc.) auszuarbeiten. In diesem Fall suche ich mir einen Platz in den Socialising Areas der Firma, etwa in der Sitzecke. Hier fallen mir meist bessere Ideen ein als in meinem Büro. Oft hilft es mir auch, ohne das Notebook zu starten und erst mal ein paar Ideen auf Papier zu skizzieren, bevor ich diese Skizzen am Notebook weiter ausarbeite.

Was außerdem hilft, ist die Begrenzung der Arbeitszeit auf maximal zehn Stunden pro Tag – auch in Hochphasen. Denn ich möchte langfristig gute Ergebnisse liefern und auch eine Hochphase gut überstehen. In solchen Zeiten hat sich übrigens eine Grundregel entwickelt: Dass ich am Ende der zehn Stunden Arbeitszeit keine E-Mails mehr an Kunden versende. Diese waren entweder mit sinnfreien Wiederholungen oder mit vielen Rechtschreibfehlern gespickt – beides ist definitiv nicht mein Qualitätsanspruch und mir waren diese E-Mails am nächsten Morgen peinlich. Sollte es doch mal ein längerer Tag werden, schreibe ich die E-Mails normalerweise vor und lese mir den Text am nächsten Tag noch einmal durch, bevor ich sie sende. Dann fallen mir Fehler auf.

Zurück zum Feierabend. Als Projektmanager ist man sehr eng mit seinem Projekt verbunden. Dennoch braucht man regelmäßig einen gewissen Abstand, um später wieder mit neuem Elan daran zu arbeiten. Sei es, um von allein mögliche Schwachstellen zu identifizieren oder sich über andere Themen in Ruhe Gedanken machen zu können. Der Arbeitsschluss zu einer vernünftigen Zeit lohnt sich dann doppelt: Ich habe Zeit für Familie, Freunde und Hobbys. Und zwischendurch kommt mir oft ganz zwanglos eine kreative Lösung für eine knifflige Aufgabe. Insbesondere, wenn ich knifflige Themen schon vorbereitet und mit der Bearbeitung angefangen habe, fällt mir plötzlich am Abend oder einige Tage später die Lösung ein. Dafür braucht das Gehirn aber zunächst Abstand vom Thema – und etwas Zeit.

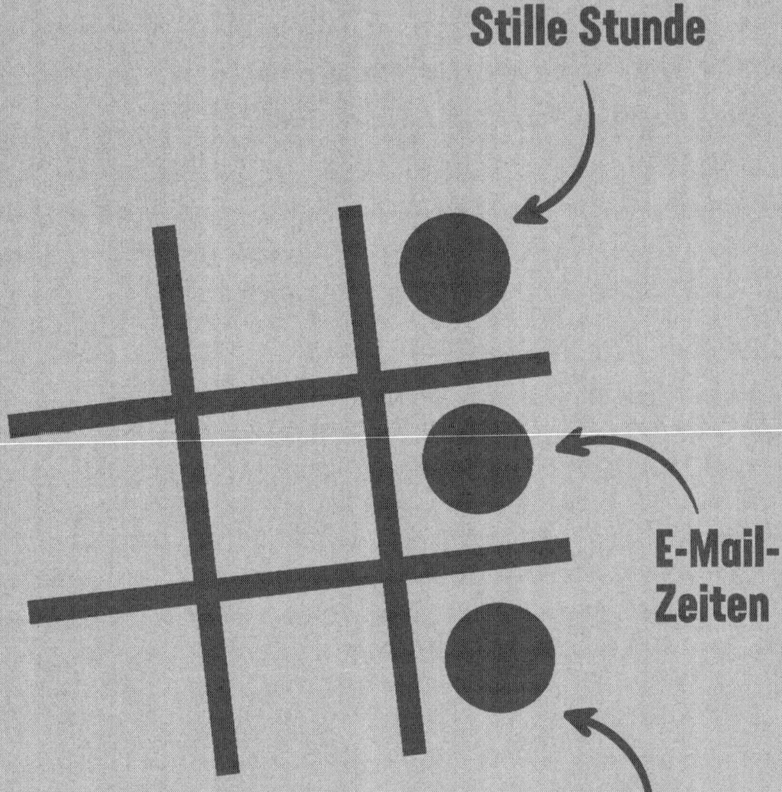
Stille Stunde
E-Mail-
Zeiten
Strategiezeiten

Besondere-Zeiten-Kombi

Besondere Arbeiten erfordern eine besondere Arbeitsumgebung und dafür habe ich mir Zeiten geblockt. Die wichtigsten Zeitblocker für mich sind: „E-Mail-Zeiten“, die „stille Stunde“ und „Strategiezeiten“.

E-Mails können ein echt fieser Zeitfresser sein. Den ganzen Tag über füllt sich das Postfach und wenn man nicht aufpasst, dann hat man am Tag zwar viele E-Mails bearbeitet, aber nicht seine eigentlichen Themen. Deshalb habe ich mir feste E-Mail-Bearbeitungszeiten gesetzt: Zweimal am Tag beantworte ich meine Nachrichten, an Tagen voller Meetings nur einmal. Meist bearbeite ich sie morgens vor dem ersten Meeting, aber nach meiner wichtigsten „TOP 3“-Aufgabe. Wenn ich in mein Postfach „schaue“, bedeutet das, dass ich mir vorher noch mal bewusst mache: Jede E-Mail wird nur einmal angefasst und damit sofort bearbeitet oder eingeplant. Bevor ich mit der Listenbearbeitung starte, scanne ich kurz alle Betreffe, ob eine dringende E-Mail darunter ist, die zuerst bearbeitet werden muss. So schaffe ich selbst in kurzen Bearbeitungszeitfenstern viele E-Mail-Antworten.

Die „stille Stunde“ lege ich mir gern auf den Vormittag, da ich morgens weniger kreativ, dafür aber umso produktiver für Regelaufgaben bin (du kannst das natürlich auf deinen Biorhythmus abstimmen). In der „stillen Stunde“ arbeite ich viele kleine To-dos ab. Ich nutze die „stille Stunde“ aber auch für Vorbereitungen.

Strategiezeiten setze ich unterschiedlich ein. Wöchentliche kleine Verbesserungen plane ich immer ein. Sehr projektspezifische Strategiemeetings dagegen plane ich nicht jede Woche ein. Für solche Projektstrategien blocke ich mir einen kompletten Nachmittag oder Vormittag, damit ich wirklich in das Thema eintauchen kann und es in einem Zug be- und durcharbeite. Ein 90-Minuten-Block reicht hier nicht aus, da solche Themen eine gewisse Anlaufzeit benötigen, bevor man wirklich produktiv und kreativ werden kann. Damit ich sofort loslegen kann und mir nicht erst ein Thema überlegen muss, habe ich in OneNote meine Liste an möglichen Themen. Entweder ist darauf ein ganz akutes, das ich ohnehin demnächst brauche, oder ich suche mir das Thema heraus, das mich an dem Tag am meisten anspricht.

Blockweise und mit Fokus zu arbeiten ist ein wesentlicher Produktivitätsfaktor. Du hast nur wenige Kontextwechsel – genau das, was dich im normalen Alltag immer herausreißt und dich viel Energie kostet, auch wenn du letzteres selten bewusst bemerkst. Du kannst dich also auf eine Sache konzentrieren und gerade hier diese Tipps in voller Stärke ausspielen.

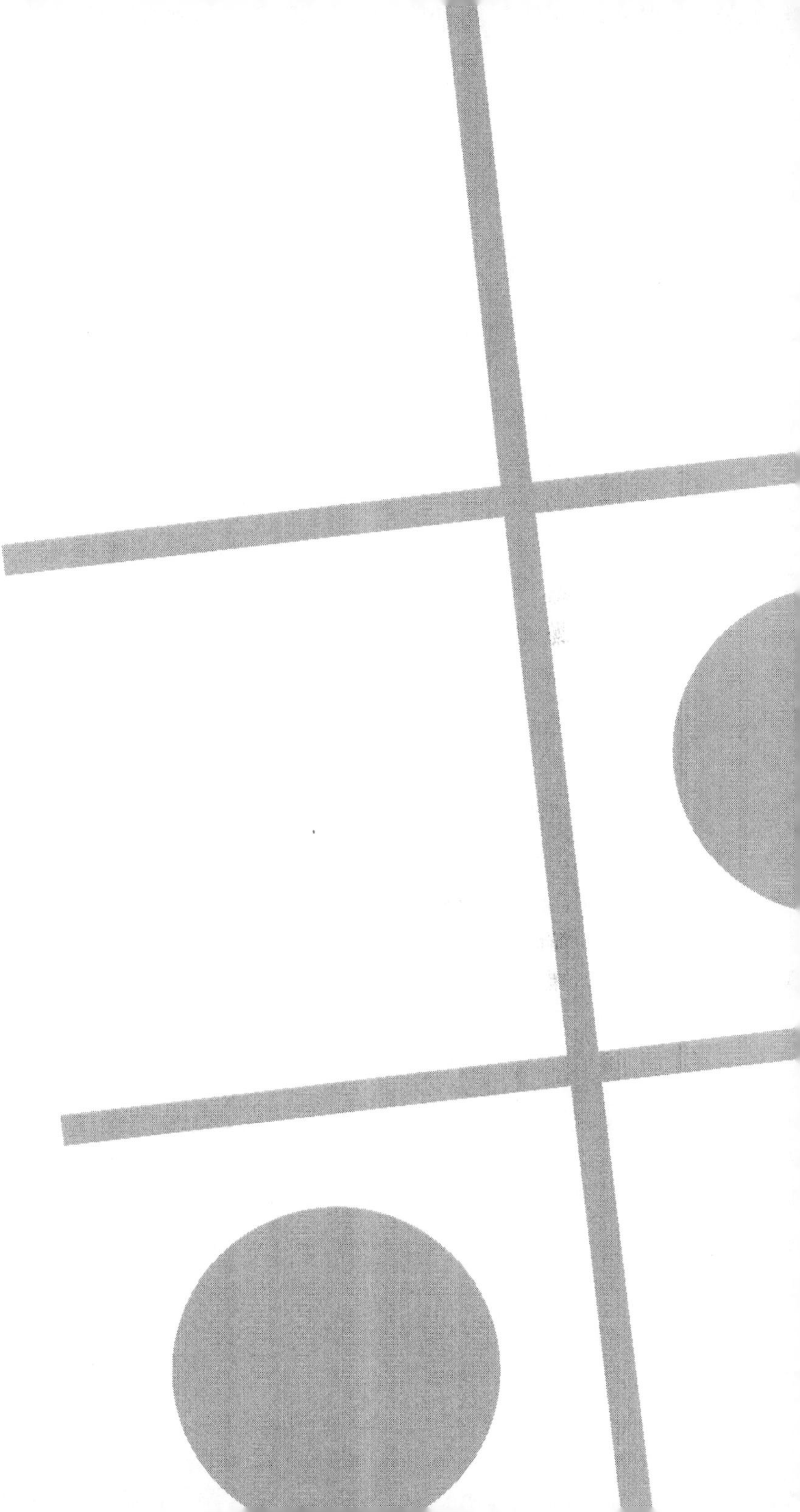

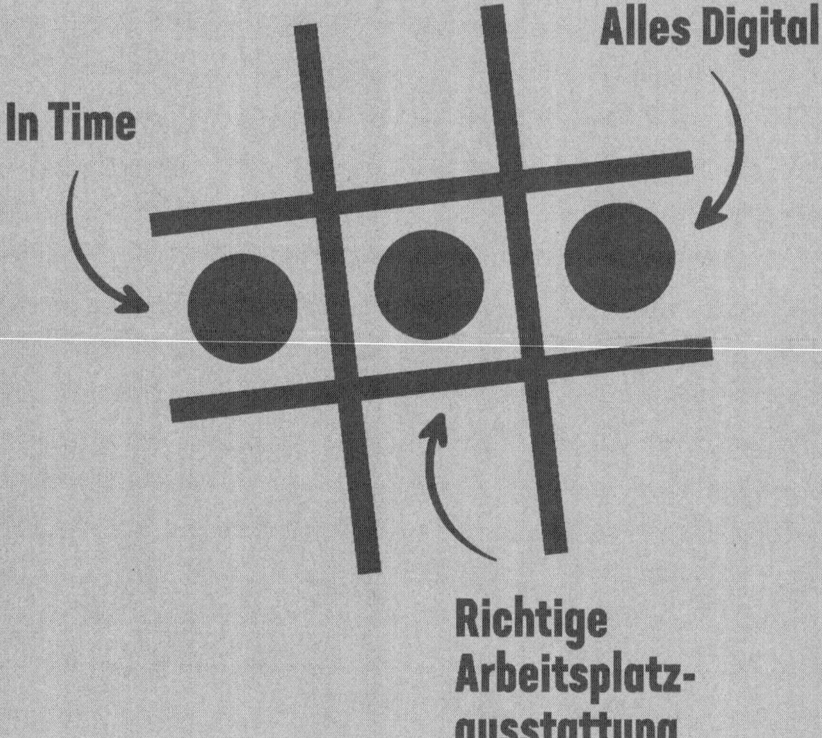
Alles Digital
In Time
Richtige Arbeitsplatz-ausstattung

Alles-digital-Kombi

Die nächste Kombination besteht aus „Alles digital“, „In Time“ und der richtigen Arbeitsplatzausstattung. Wenn du so weit wie möglich digital arbeiten möchtest, dann müssen die wesentlichen Schritte deiner Arbeit ebenfalls digital sein. Für mich heißt das: Vorbereitung, Durchführung und Nachbereitung.

In Workshops vor Ort beim Kunden bin ich in der Regel mit meinem Notebook am Beamer angeschlossen und habe alles, was wir für die gemeinsame Arbeit benötigen, vorbereitet. Ich rufe also die Dateien auf und schreibe direkt die Ergebnisse und Punkte in den Dateien mit. Das funktioniert hervorragend mit Protokollen, aber auch mit Anforderungen und Projektplanung. Dabei bitte ich alle Teilnehmer immer darum, aktiv mitzulesen und mich zu korrigieren, falls ich etwas falsch aufschreibe. So entsteht das Protokoll bzw. die Workshopdokumentation „nebenbei“ und ist außerdem gleich mit allen abgestimmt. Mein Standardsatz hierfür nach jedem größeren Punkt ist: „Habe ich den Punkt vollständig und korrekt aufgenommen?“ Wenn alle nicken, geht es weiter. Für meine persönlichen Notizen habe ich eine leere OneNote-Seite offen – der Kunde soll ja nicht alle meine internen Notizen sehen, ich möchte aber für mich dennoch Punkte mitschreiben, oder falls ich Aufgaben bekomme, diese digital erfassen. Weiterhin schalte ich in Kundenworkshops vor Ort alle Programme ab, die ich nicht für den Workshop benötige. Auch den Chat. Ich möchte nicht, dass ich oder die Kunden von aufblinkenden Nachrichten abgelenkt werden.

Wenn im Workshop ein Flipchart oder Whiteboard als zusätzliche Arbeitsfläche eingesetzt wird, solltest du darauf achten, dass die Flipcharts aussagekräftige Titel haben. Dann reicht ein Foto in einer PowerPoint-Datei oder im Word-Protokoll als Dokumentation. Da mittlerweile fast jeder ein Smartphone mit Fotofunktion hat, ist die Dokumentation hier sehr einfach mit einem guten Foto erledigt.

PRO-TIPP

Die meisten Beamer haben eine Freeze-Funktion. Also eine Taste auf der Fernbedienung, mit der der angezeigte Bildschirm eingefroren wird. So kannst du auf deinem Notebook in andere Programme oder Notizen gehen, während du am Beamer angeschlossen bist und die Workshopteilnehmer sehen deinen Bildschirm in dem Moment nicht. Beispielsweise, wenn du nach einem Termin gefragt wirst und deinen Kalender öffnest – du möchtest ja direkt den Termin eintragen, aber ohne deinen Kalender mit ggf. schützenswerten Informationen dem Kunden zu zeigen.

Wenn du alles direkt in der Videokonferenz mitschreiben möchtest, brauchst du idealerweise zwei Monitore. Ich selbst bevorzuge sogar drei Monitore.

- Auf dem ersten Hauptmonitor läuft das Meeting und ich sehe die Teilnehmer und den Chat.
- Den zweiten Hauptmonitor teile ich im Meeting und arbeite dort gemeinsam mit den Kollegen und/oder Kunden, sodass alle meine Arbeit live verfolgen und ergänzen oder korrigieren können.
- Auf dem dritten Monitor, dem Kommunikationsmonitor, sind meine Kommunikationskanäle offen (Chat, Kalender, ggf. weitere Fenster, die ich brauche, die aber nicht jeder sehen soll).

Selbst wenn ich meinen Bildschirm nicht teile, sind auf dem zweiten Bildschirm immer die Tools für meine Notizen: Entweder OneNote oder die Notiz-App auf dem Mac oder eine offene Intranetseite, auf der wir gemeinsam das Meeting dokumentieren. Hinzu kommt, dass ich bei Telefonaten und Onlinemeetings ein Headset benutze, sodass meine Hände frei sind und ich mit zehn Fingern mitschreiben kann. Falls ich mit dem Handy telefonieren muss, habe ich immer meine Kopfhörer dabei.

PRO-TIPP

Auf dem Kommunikationsmonitor – und nur dort – dürfen Chatbenachrichtigungen aufblitzen, denn die sehe nur ich und nicht die Kunden. Dazu richtest du die Benachrichtigungen so ein, dass sie auf dem richtigen Monitor erscheinen. Ansonsten schaltest du konsequent alle Kommunikationskanäle auf „nicht stören" (ich habe allerdings lieber einmal die richtige Einstellung vorgenommen und gebe in Meetings immer den gleichen Monitor oder nur ein Anwendungsfenster frei).

Wichtig bei dieser Kombination ist, dass du eben schon die Vorbereitung digital machst und dir im Vorfeld überlegst, wie du das Meeting / den Workshop digital dokumentieren kannst. Für den Alltag ist es ideal, wenn die wichtigen Tools gleich morgens gestartet werden. Du sollst sie nicht suchen müssen, um sofort mit den Notizen starten zu können. Sonst greifst du wahrscheinlich zu Stift und Block – mit dem Ergebnis der unübersichtlichen Zettelwirtschaft. Bei mir starten morgens immer die Chattools, dazu mein Mailprogramm, mein Notizprogramm und die wichtigen Intranetseiten. Ich habe den Browser so eingestellt, dass er die Fenster der letzten Sitzung automatisch wieder öffnet. So muss ich nicht die Webanwendungen einzeln aufrufen.

PRO-TIPP

Du kannst die Programme auch vom Autostart deines Notebooks automatisch bei jedem Hochfahren starten lassen. Dann sparst du dir täglich einige Klicks.

Du kannst dank vieler toller Programme heute problemlos fast vollkommen digital arbeiten. Das spart dir Gepäck auf Dienstreisen. Falls du mal kein WLAN oder Hotspot hast, solltest du allerdings immer wissen, mit welchen Programmen du auch offline arbeiten kannst. Auch das ist Teil der „Alles-Digital-Kombi“. Die Notizen können später in die Webanwendungen übertragen werden, aber so kannst du zumindest teilweise weiterarbeiten.

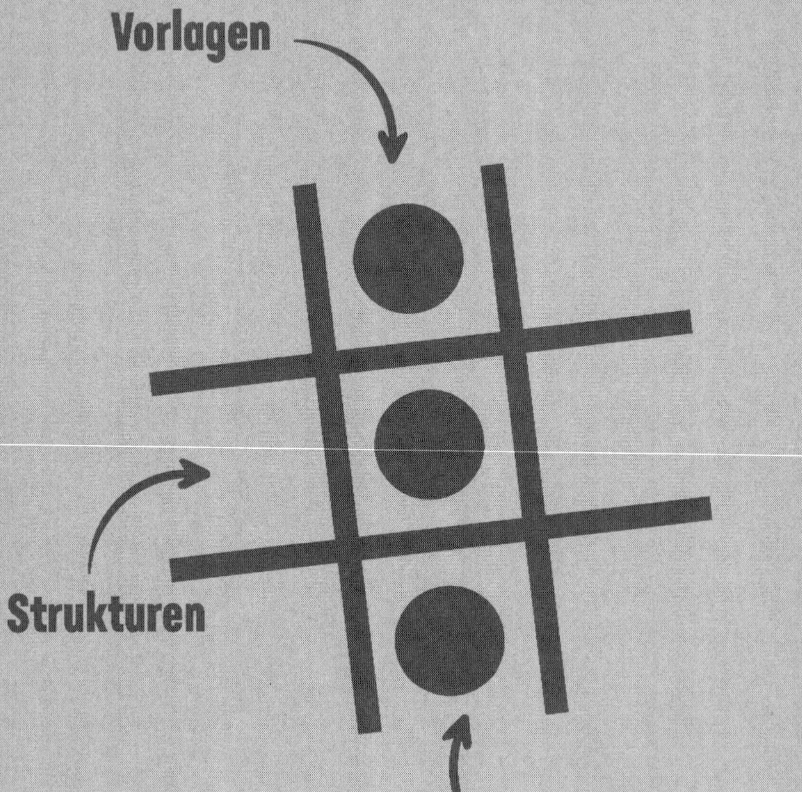
Vorlagen
Strukturen
Textbausteine

Standard-Kombi

Standards können deinen (Arbeits-)Alltag unglaublich vereinfachen, weil du dir über bestimmte Dinge keine Gedanken mehr machen musst. Die Arbeit geht schnell und einfach von der Hand, weil alles da ist, was du brauchst. Meine Kombination für Standards besteht aus Vorlagen, Strukturen und Textbausteinen. Ausgearbeitet werden die Inhalte in den Strategiezeiten.

Im Grunde ist es das: Ich überlege, wie ich Vorgänge, die sich ständig wiederholen, schnell und gut reproduzierbar organisiere. Sonst mache ich mir in der gleichen Situation eine Woche später die gleichen Gedanken wie jetzt in diesem Moment und brauche wahrscheinlich auch wieder genauso viel Zeit.

Wie sieht das nun alles in der Praxis aus? Für alle anderen, regelmäßig wiederkehrenden Meetings habe ich mir mit der Termineinladung einmal eine Agenda überlegt und die ist dann immer die Grundlage für die Durchführung. Diese Agenda schreibe ich auch immer in den Termin / die Terminserie, damit sie für alle jederzeit verfügbar ist. Entweder ist es eine Standardagenda oder eine angepasste Agenda für diesen Termin. Erinnerungen an Regelaufgaben für das Team können ebenfalls vorbereitet werden: Die wöchentliche Erinnerung an die Zeiterfassung erstelle ich einmal als Text, lege dazu eine Empfängergruppe im Mailprogramm an und dann brauche ich jede Woche nur einmal den fertigen Text an die Empfängergruppe versenden. Kein Nachdenken, was ich schreibe. Keine Suche nach der letzten E-Mail. Kein Vergessen von Kollegen.

Ein anderes Beispiel, wie meine Standards mir das Leben vereinfachen: Nehmen wir an, ich bekomme einen Anruf, dass ich kurzfristig ein Kundenmeeting moderieren oder inhaltlich übernehmen soll. Schon greifen meine Standards: Was ist das für ein Meeting? Aha, ein Kick-off. Und schon hole ich mir entsprechend meiner Standardagenda für Kick-offs alle internen Informationen zum Kick-off ein. Anschließend sende ich mit einer E-Mail-Vorlage dem Ansprechpartner im Kundenunternehmen meinen Vorschlag für die Agenda des Kick-offs. Mit dabei: Eine Liste der noch abzustimmenden Punkte mit der Bitte um Terminvorschläge für die telefonische Abstimmung des Termins. Durch die Standardagenda für Kick-offs, meine E-Mail-Vorlage und meinen Standardablauf (erst alle internen Informationen sammeln und dann zügig den Kontakt zum Kunden aufnehmen) habe ich das Thema sehr schnell erledigt. Am Anfang hat mich so etwas fast einen ganzen Tag gekostet, da ich kaum Wissen über die richtige Gestaltung eines Kick-offs hatte. Auch die E-Mail habe ich danach komplett selbst formuliert und habe daran ziemlich lange gesessen, weil ich einen guten ersten Eindruck hinterlassen wollte.

Dieses Beispiel soll dir verdeutlichen, dass ich diese Tipps jeden Tag kombiniere. Das entlastet mich massiv und ich bin wesentlich schneller mit solchen Aufgaben als andere.

Auch wenn es nicht die kurzfristige Übernahme eines Meetings ist, kannst du aus deinen Arbeitstools viel herausholen. So wie ich kannst du wiederkehrende Themen und Kommunikationen vereinheitlichen und automatisieren, sodass du immer nur minimal oder gar nichts anpassen musst. In Projekten und in jedem anderen beruflichen Kontext gibt es jede Menge, was du standardisieren kannst: Meetings, Dokumente, Ablagestrukturen, ja sogar Arbeitsabläufe, die sich bewährt haben.

Zwei Dinge, die sich gegenseitig verstärken:

- Mit guten Strukturen hast du einen großen Teil der Vorbereitung erledigt.
- Mit einer guten Vorbereitung bringst du Struktur in alle Themen und die erleichtert das Arbeiten.

Wenn es eine Sache gibt, die mich gut durch stressige Phasen bringt, dann ist es die Kombination aus Vorbereitung (die ich bei der Planung und in den Wochen davor gemacht habe) und meinen Standards (wovon die meisten Routinen sind, die automatisch ablaufen). Nimm dazu noch die Strategiezeiten für die Reflexion und Ausarbeitung dieser Dinge und damit ist dein Zeitmanagement schon sehr weit gediehen.

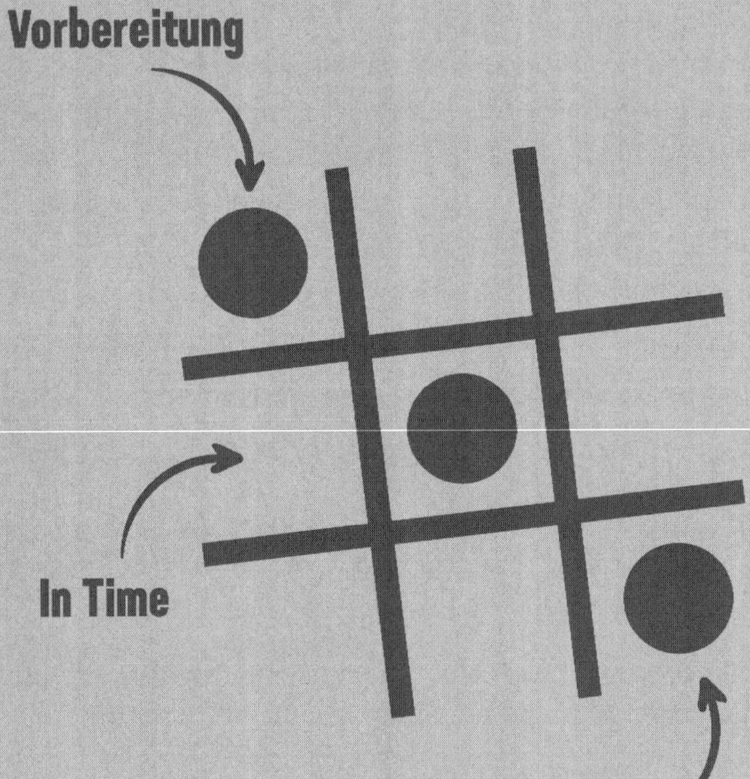
Vorbereitung
In Time
Alles Digital

3-in-1-Kombimeeting

Ein Meeting ist für mich dann richtig effizient und effektiv, wenn ich dabei mehrere Themen gleichzeitig erledigen kann. Ich gebe zu, dass es etwas Übung, gute Vorbereitung und gute Kenntnisse der Tools erfordert, aber die Zeitersparnis ist enorm. Deshalb habe ich das Meeting optimiert, das am häufigsten im Alltag eines Projektmanagers auftaucht: das Statusmeeting.

Dieses Meeting ist bei mir ziemlich standardisiert, aber nicht langweilig, auch wenn ich eine Standardagenda habe:

- Status der aktuellen Arbeiten aus dem Team
- Ausblick auf die nächsten Termine
- Infos der Projektleitung (nur intern)
- Risiken oder Verzögerungen, die sich andeuten

Vor dem Meeting

Ich starte mit der Vorbereitung des Statusberichts: Dazu nehme ich den vorherigen Statusbericht, speichere eine neue Version davon ab und bereite ihn nach meinem Kenntnisstand auf.

- Erledigte Themen werden nur noch als Info vermerkt.

- Themen, die als Info aufgeführt waren, werden herausgenommen (wenn sie allerdings für das Projekt von entscheidender Bedeutung sind, lasse ich sie als Erinnerung drin).
- Ich gehe den Projektplan durch, was gerade bearbeitet wird und wo ich den Informationsstand abfragen will. Das nehme ich direkt als Punkt in das Protokoll auf. Außerdem schaue ich auf die zukünftigen Aufgaben und nehme diese als Ausblick auf.
- Bei noch unerledigten Aufgaben gebe ich den Kollegen einen Hinweis, damit sie die Möglichkeit haben, dies noch vor dem Meeting zu erledigen.
- Ein Blick in den Kalender und in den Projektplan zeigt mir die nächsten Termine für die kommenden vier bis sechs Wochen, die ich ebenfalls in die entsprechende Rubrik eintrage. Alte Termine lösche ich.

Für das Meeting habe ich nun also alle Themen zusammen und das Protokoll ist vorbereitet. Als Letztes bereite ich den Projektplan vor und speichere den aktuellen Stand im Hintergrund (Basisplan erstellen). Damit kann ich im Statusmeeting direkt Änderungen vornehmen, habe aber meine Kopie gesichert.

Während des Meetings

Hier rufe ich alle Dateien und Tools auf, die ich benötige: Protokoll, Projektplan, ggf. Ticketsystem. Ich teile immer meinen

Bildschirm – egal ob Videokonferenz oder Vor-Ort-Meeting. So können alle mitlesen (hierzu fordere ich auch aktiv auf und bitte auch um Korrekturen, wenn ich etwas falsch aufnehme).

Für den Status der aktuellen Arbeiten gehen wir als Erstes durch das Protokoll. Da es vorbereitet ist, muss ich nur Teilnehmer korrigieren und die Aussagen des Kunden und der Kollegen ergänzen. Meine Fragen und Besprechungspunkte kann ich nicht vergessen, da ich diese schon in das Protokoll eingetragen habe. Am Ende des Protokolls erinnere ich noch einmal an die nächsten Termine.

Sobald wir mit dem Protokoll durch sind, gehen wir in den Projektplan bzw. das Ticketsystem – je nachdem, was in diesem Projekt das System für die Koordination ist. Wir schauen gemeinsam die offenen Tickets und/oder Aufgaben durch. Ist etwas an den Tickets zu ergänzen, bitte ich die Kollegen oder den Kunden (je nach Informationsgeber), den aktuellen Stand in die Aufgaben/Tickets einzutragen, wenn das nicht schon vorher erfolgt ist. Was erreiche ich damit?

- Einmal, dass die Aufgaben/Tickets idealerweise auf dem aktuellen Stand sind, sodass ich jederzeit den Überblick habe, ohne jemanden fragen zu müssen. Es trägt also jeder seine Aktualisierung selbst ein und macht das beim nächsten Mal idealerweise vor dem Meeting.
- Die Kollegen lernen, dass ich Wert auf Sorgfalt und Aktualität lege und mir jede Aufgabe und jedes Ticket anschaue.

- Alles, was erledigt ist, wird direkt geschlossen. Auch das machen die Kollegen bzw. Kunden, denn zu Nachweiszwecken muss später noch erkennbar sein, wer das Ticket geschlossen hat. Deshalb bitte ich in der Regel um einen kurzen Kommentar beim Schließen eines Tickets. Verschieben sich Tickets, werden sie gleich aktualisiert.

Die Datumsangaben für die Aufgaben im Projektplan aktualisiere ich persönlich, denn in der Regel haben die Projektbeteiligten nicht die gleichen Rechte wie ich.

Danach folgen in internen Meetings die Informationen der Projektleitung. In diesem Teil ergänze ich Punkte, die nicht im Statusbericht oder Projektplan auftauchen. Das sind informelle Infos, aber auch Strategien für das Vorgehen in bestimmten Projektabschnitten sowie Informationen aus parallelen Projekten. Auf diese Weise halte ich die Kollegen über alles rund um das Projekt auf dem Laufenden, agiere transparent und nachvollziehbar.

Letzter Punkt im Statusmeeting: Ich frage immer alle Beteiligten am Ende des Meetings, ob es Risiken oder Verzögerungen gibt oder sich solche andeuten. Auf diese Weise weiß ich frühzeitig darüber Bescheid und kann agieren und ggf. das Management informieren und einbinden.

Ergebnis des 3-in-1-Meetings:

- Das Protokoll ist erstellt und abgestimmt,

- der Projektplan sowie die Tickets/Aufgaben sind aktuell und
- jeder hat die wichtigen Informationen bekommen. Der Stand des Projektes ist für alle transparent.

Nach dem Meeting

Das Protokoll muss nur noch einmal hinsichtlich Rechtschreibung geprüft und in ein PDF umgewandelt werden. Falls ich einen zusätzlichen Statusbericht für das Management erstellen soll, habe ich durch dieses Meeting ebenfalls den aktuellen Stand erhalten und muss die Informationen nur kurz in den Standardbericht übertragen oder – wenn vorhanden – einen toolbasierten Bericht erstellen lassen.

Wichtig für den Erfolg ist, dass du das Meeting vorbereitest und Tools hast, mit denen du gut umgehen kannst. Die Scheu, alles live zu machen, legt man recht schnell ab. Ja, es dauert etwas länger, direkt mitzuschreiben oder direkt die Daten anzupassen. Aber es geht um ein Vielfaches schneller, als wenn du es im Nachhinein erledigst.

Übrigens: Es ist ein großartiges Gefühl, das Meeting zu verlassen und zu wissen, dass bis auf zwei, drei Handgriffe alles erledigt ist. Keine stundenlange Nachbereitung mehr, sondern nur ungefähr zehn Minuten und dann kannst du dich wieder deinen anderen Themen widmen.

TIPPS FÜR DIE UMSETZUNG

Die Macht der Gewohnheit

#Ziel: Alles, was du automatisch machst, braucht keine Disziplin. Es passiert einfach und spart dadurch Zeit UND Energie.

Mit Gewohnheiten beschäftige ich mich schon sehr lange. Für die Coachingsession „Zeitmanagement für Projektmanager", die die Basis für dieses Buch ist, habe ich reflektiert, warum ich so viele Aufgaben bewältige. Ich habe gemerkt, dass ich mir viele gute Gewohnheiten angeeignet habe, die mir das Leben nicht nur leichter machen, sondern auch dafür sorgen, dass ich mein Pensum Tag für Tag schaffe. Als ich dann die 1%-Methode von James Clear kennengelernt habe, hat sich das für mich bestätigt, was ich schon länger vermutet habe: Schon kleine positive Gewohnheiten haben auf lange Sicht große Wirkung.

Selbst wenn du nur einen einzigen Tipp aus diesem Buch mitnimmst und ihn zu deiner Gewohnheit machst, wirst du Arbeitstag für Arbeitstag eine spürbare Erleichterung bemerken – und das für viele Jahre.

Beispiel: die Tagesplanung mit den „TOP 3“. Sie benötigt keine fünf Minuten, sorgt aber dafür, dass ich am nächsten Tag fokussiert bin. Gerade wenn man viele Themen am Tag bearbeitet, ständige Fragen von Kollegen oder Nebenthemen hinzukommen, dann hilft dir die Liste der „TOP 3“, deinen Fokus darauf zu richten, was DU heute schaffen willst. Danach kann gern alles andere kommen. Kleine Gewohnheit mit großer Wirkung.

In diesem Kapitel stelle ich dir ein vereinfachtes Vorgehen zur Aneignung neuer Gewohnheiten vor. Du kannst es eine Woche, aber natürlich auch auf einen Monat anwenden.

Eine neue Arbeitsweise musst du mindestens einen Monat lang regelmäßig anwenden – einige sagen sogar 90 Tage –, bis sie zur Gewohnheit geworden ist. Aus meiner Erfahrung heraus unterscheidet sich das von Tipp zu Tipp. Einige passen bestimmt direkt zu deiner Arbeitsweise – dann können sie in einem Monat schon zu deinen Gewohnheiten gehören. Andere Tipps brauchen viel Übung und mehrere Anläufe – da sind auch 90 Tage ein sportlicher Wert. Diese Zahlen sollen dich nicht demotivieren, sondern dir bewusst machen, dass gute Gewohnheiten immer über einen längeren Zeitraum entstehen und dann über einen sehr langen Zeitraum ihre positive Wirkung entfalten.

Schritt 1 - Montag

Entscheide dich für einen Tipp! Du hast wahrscheinlich schon einen ausgewählt. Auch wenn du noch viel mehr Impulse mitgenommen hast – widersteh bitte der Versuchung, alles auf einmal umsetzen zu wollen. Wähle stattdessen den Tipp aus, der sich für dich am passendsten anfühlt.

Und: Schau auch auf deine Woche! Wenn du eine komplett volle Woche mit vielen anstrengenden Themen hast, wähle einen einfachen Tipp aus. Wenn du diese Woche Luft hast, funktioniert die Einübung auch mit einem herausfordernderen Tipp.

Vorbereitungen treffen

Überlege dir am Morgen, was du noch vorbereiten musst, um deinen Lieblingstipp heute umzusetzen.

Beispiele:

- Bei der „Zwei-Minuten-Regel“ machst du dir bewusst, dass E-Mails nicht nur gelesen werden, sondern sofort bearbeitet/verschoben/gelöscht.
- Wenn du „alles digital“ machen möchtest, schau, welches

Tool du dafür nutzen wirst und öffne es gleich morgens mit allen anderen Programmen. Und lege dir einen Satz für die Kollegen zurecht, falls es nicht so schnell geht. Mein häufigster Satz ist: „Bitte gebt mir 30 Sekunden, damit ich den Punkt aufnehmen kann und lest gleich mit.“ Das nimmt dir den Druck, dass du alles parallel machen musst und die anderen sind ebenfalls beschäftigt.

Vorbereitung ist auch hier die halbe Miete. ;-)

PRO-TIPP

Nimm die wichtigsten Tools in den Autostart auf. So vergisst du (vor allem am Anfang) keine deiner Hauptanwendungen.

So oft wie möglich

Versuche den Tipp heute so oft wie möglich anzuwenden. Ideal ist es, wenn du den Tipp 20-mal in einer Stunde anwenden kannst statt nur 10-mal am Tag. Dadurch fühlt sich der neue Arbeitsablauf binnen kurzer Zeit nicht mehr so fremd an.

Schritt 2 - Mittwoch

Die ersten Tage mit deinem Lieblingstipp sind meist einfach. Zwischen Tag drei und fünf sinkt allerdings oft die Motivation, sich mit der neuen Arbeitsweise zu beschäftigen. Es bedarf immer wieder der bewussten Entscheidung dafür. Beantworte dir daher die Frage: Warum willst du diesen Tipp in deinen Arbeitsalltag übernehmen? Die Antwort darauf gibt dir meist einen neuen Motivationsschub. Wenn du ein für dich wichtiges „Darum“ hast, lohnt sich immer der Aufwand, sich mit etwas Neuem zu beschäftigen.

Wenn deine Motivation langsam abnimmt, sorge dafür, dass du den Tipp spielerisch umsetzt.

Beispiele:

- „Digital arbeiten“: Leg Stifte, Papier und Blöcke in die Schreibtischschublade oder deponiere sie weiter entfernt. Du wirst schneller eine leere E-Mail zum Mitschreiben öffnen als die Schublade und deswegen nicht zum Stift greifen. ;-)
- Für die „Zwei-Minuten-Regel“ solltest du dagegen eine Übersicht führen: Nimm ein Post-it und male eine Ta-

belle mit zwei Spalten: „geschafft“ und „nicht geschafft“. Mach darunter deine Strichliste. Ziel ist es, möglichst alle Striche in der Spalte „geschafft“ zu haben.

Nutze wirklich JEDE mögliche Situation, um von dem gewählten Tipp zu profitieren.

Versuche heute den Tipp in möglichst JEDER Situation anzuwenden. Es ist nicht schlimm, wenn es einmal nicht klappt oder du in einer stressigen Situation reflexartig wieder die alte Arbeitsweise anwendest. Das ist normal und geht mir auch so. Arbeite einfach wieder mit dem Tipp.

Schritt 3 - Freitag

Klasse, dass du schon fast eine ganze Woche mit deinem Lieblingstipp geschafft hast. Hier einige Hinweise für den letzten Tag des Ausprobierens:

Reflexion

Nimm dir bewusst zehn Minuten Zeit dafür und überlege, wie es dir mit der neuen Arbeitsweise ging: Was fiel dir leicht? Was war schwierig? In welchen Situationen war es leichter beziehungsweise schwieriger und warum?

Notiere dir diese Gedanken als Vorbereitung für deine Wochenauswertung. Und übernehme erste Verbesserungsgedanken gleich in den heutigen Tag.

Nutze die erlangte Übung

Heute ist der fünfte Tag mit der neuen Arbeitsweise und du möchtest die Testwoche wahrscheinlich mit einem produktiven letzten Arbeitstag abschließen. Nutze diese Motivation, um deinen Lieblingstipp noch einmal bewusst in jeder Situation anzuwenden. Freu dich über die eingesparte Zeit und den kleinen Vorsprung in ein früheres Wochenende.

Persönliches Fazit der Woche

Die finale Auswertung führst du kurz vor Feierabend durch (oder am Abend, wenn du dafür Zeit hast). Überlege, was dir leichtfiel und was schwer. Am Ende der Auswertung triffst du die Entscheidung, ob du diesen Tipp weiter in deinem Arbeitsalltag anwenden willst. Wenn ja, bedeutet das die konsequente Anwendung und Übung an jedem Arbeitstag – auch wenn es mal ein schlechter Tag ist. Du wirst bald merken, dass du selbst an schlechten Tagen mit diesen Tipps viel schneller bist als vorher. Freu dich darauf. Wenn deine Entscheidung „Nein" lautet und der Tipp für dich nicht funktioniert hat, kannst du einen anderen ausprobieren. Ich habe auch mehrere Vorschläge ausprobiert, bis ich die für mich passende Variante gefunden habe. Und diese habe ich dann immer wieder eingesetzt, bis ich nicht mehr darüber nachdenken musste.

Und noch etwas: Rückfälle, auch mehrere, gehören zum Lernen dazu. Also nicht aufgeben, sondern dranbleiben!

Schnell und effizient werden

Mit dem Erlernen von guten Gewohnheiten und Arbeitsweisen beschäftige ich mich schon lange. Eine Grafik aus dem Buch „Die 1%-Methode“ von James Clear hat vor Kurzem ein Aha-Erlebnis in mir ausgelöst, daher zeige ich sie dir in ergänzter Form:

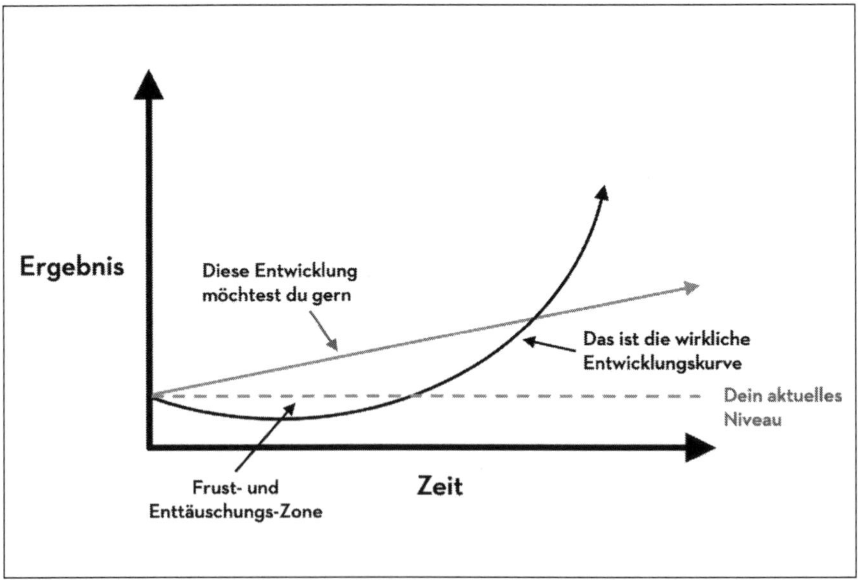

Der wichtigste Aspekt dabei ist, dass du IMMER, wenn du etwas Neues lernst, langsamer wirst. Das ist völlig normal. Ich kann mich noch sehr gut an meinen Schreibmaschinenkurs in der Grundschule erinnern. Mit der elektronischen Schreibmaschine meiner Mutter habe ich zu Hause geübt. Dafür habe ich die Hände auf die Tastatur gelegt und meine Mutter deckte sie mit einem Geschirrtuch ab, damit ich die Tasten nicht sehen konnte. So habe ich gelernt, „blind“ zu tippen. Die ersten Versuche waren quälend langsam. Eine Taste, überlegen, noch eine Taste, lange überlegen – so lief das Training anfangs ab. Erst mit Buchstabenkombinationen, dann mit Worten und danach mit ganzen Sätzen. Aber ich habe durchgehalten und verdanke meiner Beharrlichkeit damals meine Schreibgeschwindigkeit heute.

Genauso erlernen übrigens auch Musiker ein neues Musikstück. Sie spielen es anfangs sehr langsam, um erst einmal die Abfolge der Noten zu lernen und steigern dann sukzessive die Geschwindigkeit.

In der Einleitung habe ich erwähnt, dass es besser ist, einen Tipp, zum Beispiel eine neue Tastenkombination, 20-mal in der Stunde auszuprobieren als nur einmal jede Stunde und dafür 20 Stunden lang. Sie prägt sich gerade durch die häufige Wiederholung viel besser ein. Probiere es direkt mit einem deiner Office-Programme aus.

Meine persönlichen Top-10-Tipps

„Wenn ich nur noch zehn Tipps anwenden dürfte, welche wären das?“

Die Frage ist für mich nicht ganz einfach zu beantworten, da mir alle Tipps als Routinen in Fleisch und Blut übergegangen sind. Für dich habe ich mir dennoch die Frage gestellt. Hier ist meine persönliche TOP-10-Liste:

- „TOP 3“
- Wochenplanung
- Der 75-Prozent-Tag
- Alles digital
- In Time
- Zwei-Minuten-Regel
- Tages- und Wochenabschluss
- Strukturen für eine Grundordnung
- Vorlagen

Noch einige Worte zum Schluss, denn so ganz ohne Verabschiedung verlässt man ja nicht den gemeinsamen Schreibtisch.

Ich habe dir viel gezeigt, erklärt und auch die ein oder andere Anekdote erzählt. Nun ist es an dir, dieses Wissen umzusetzen. Dein Alltag wird nur dann effizienter und effektiver, wenn du wirklich einen oder mehrere Tipps umsetzt – und zwar täglich.

Deshalb möchte ich dir mitgeben: Genieße den Prozess des Erlernens und Umsetzens deiner Lieblingstipps. Du wirst erfahren, wie toll Arbeitsroutinen sein können.

Ich wünsche dir neue Freude an der Arbeit!

Herzliche Grüße

Saskia

Du hast jetzt viel von mir und meinem Arbeitsalltag erfahren. Allerdings hattest du nicht wie in einem persönlichen Gespräch die Möglichkeit, Fragen zu stellen. Du kannst mir gern eine Nachricht schreiben. Entweder über LinkedIn oder per E-Mail:

mail@saskiahablasch.de

Möchtest du mehr von mir zu diesem Thema erfahren, dann folge mir auf LinkedIn. Dort veröffentliche ich jede Woche Beiträge zu den Themen Projekt- und Zeitmanagement.

Literatur

- Grenze der Arbeitszeit
- Die 1%-Methode, James Clear
- Die 4-Stunden-Woche, Timothy Ferriss
- Eat that Frog, Brain Tracey
- Give me a better break: Choosing workday break activities to maximize resource recovery. Journal of applied psychology. Hunter EM, Wu C., 2015
- Getting things done, David Allen
- Harvard Business Review, Conquering Digital Distraction, Larry Rosen und Alexandra Samuel https://hbr.org/2015/06/conquering-digital-distraction
- High Performance Habits, Brendon Burchard

DANKSAGUNG

Dieses Buchprojekt hat seit seiner Idee viele Unterstützer gefunden. Gute Freunde haben mich nicht nur bestärkt, sondern auch mehrere Versionen des Manuskripts gelesen. Dazu haben sie mir die vielen wertvollen Tipps zur richtigen Zeit und immer ehrliches Feedback gegeben.

Allen möchte ich an dieser Stelle meinen großen Dank aussprechen!

DANKE, ihr seid großartig!

Über die Autorin

Was andere über mich sagen: Saskia hat sich in den fast 15 Jahren als Projektmanagerin im IT-Sektor eine höchst effektive Arbeitsweise angeeignet. So leitet sie immer mehrere Projekte parallel. Die Projekte sind dabei ganz unterschiedlich und umfassen große und mittlere Kundenprojekte sowie interne Projekte oder Sonderthemen. Saskias heimliche Leidenschaft sind dabei zeitkritische Projekte, die auf den Punkt in sehr guter Qualität fertiggestellt werden müssen.

Außerdem gibt sie ihr Wissen als Coach für Projektmanager weiter. Ihr Organisationstalent bringt sie auch für ihren Verein ein, indem sie Kampfsportseminare und -turniere organisiert. Dank ihres hervorragenden Zeitmanagements schließen sich ihr anspruchsvoller Beruf, Hobbys und Familie nicht aus, sondern ergänzen sich.

Über ihre Arbeitsweise hält sie auch Vorträge. Die Zahl der Besucher bestätigt: Produktivität und Zeitmanagement beschäftigt viele Menschen – und ihre Tipps und Tricks haben schon vielen Personen geholfen.

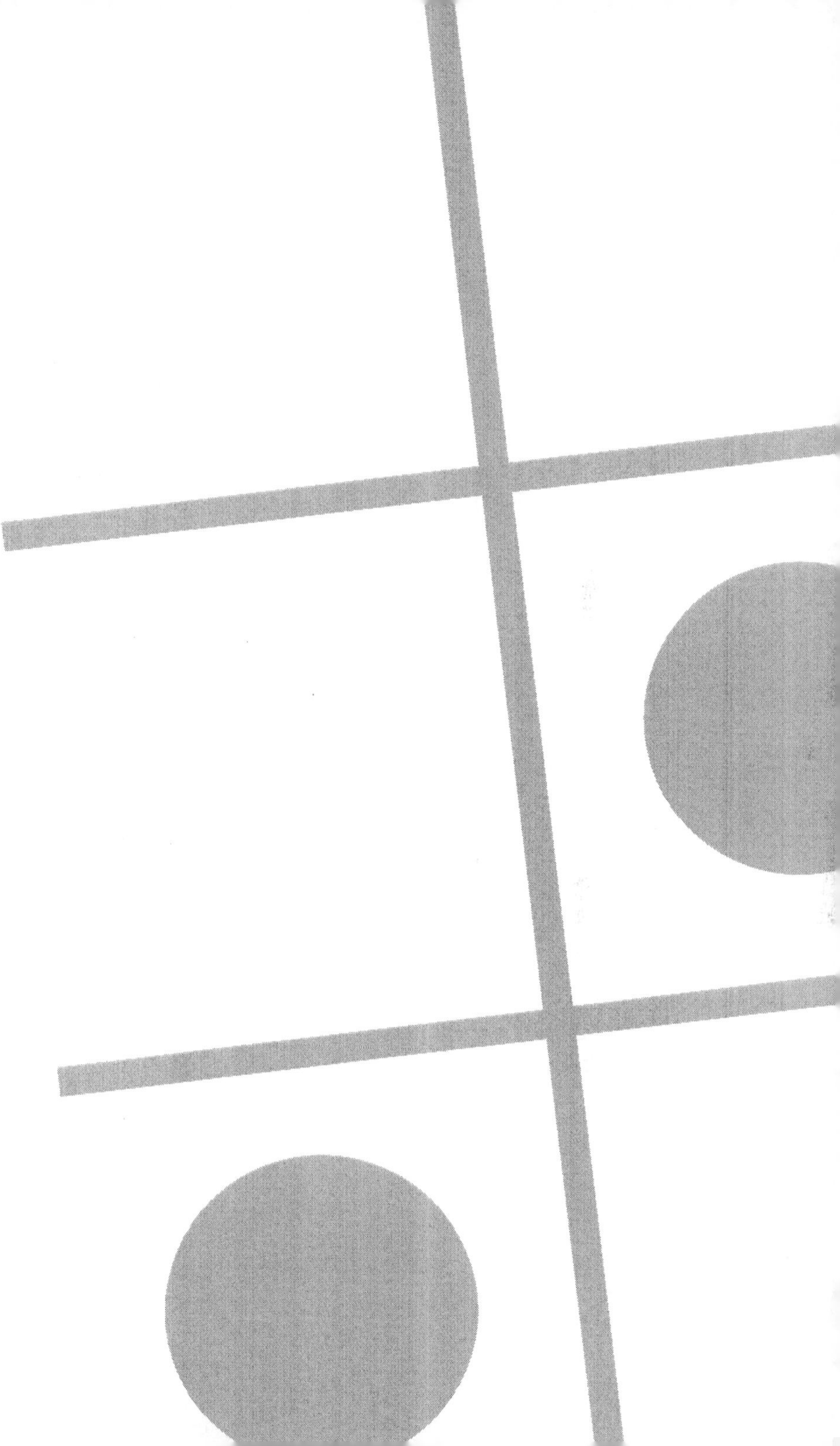

Printed in Poland
by Amazon Fulfillment
Poland Sp. z o.o., Wrocław

36587768R00101